纺织新技术书库

棉花中农药残留检测技术

谢 文 董锁拽 主 编
黄超群 潘璐璐 副主编

U0216816

中国纺织出版社

内 容 提 要

《棉花中农药残留检测技术》是国家质量监督检验检疫总局公益课题"质检公益性专项201110041《进出口棉花中农残检测及国际贸易技术壁垒应对体系研究》"研究成果的结晶。

本书的主要内容是自主研究的科研成果，同时还吸纳了国内外在棉花、纺织品中农药残留检测方法的最新文献报道。全书共分八章，包括有机氯类农药、有机磷类农药、拟除虫菊酯类、烟碱类农药、苯氧羧酸类农药、氨基甲酸酯、草甘膦及其代谢物、植物生长调节剂等。通过课题研究解决了棉花中农药残留检测问题，重点介绍了样品提取和净化的前处理技术，并介绍了每个前处理方法的关键控制点，以方便读者掌握技术，尽快应用到日常工作。

本书适用于棉花检测及贸易相关从业者和研究人员参考。

图书在版编目（CIP）数据

棉花中农药残留检测技术／谢文，董锁拽主编. —
北京：中国纺织出版社，2017.3
　　（纺织新技术书库）
　　ISBN 978-7-5180-3226-6

Ⅰ.①棉… Ⅱ.①谢…②董… Ⅲ.①棉花—农药残
留—残留量测定 Ⅳ.①S481

中国版本图书馆CIP数据核字（2017）第018211号

策划编辑：符　芬　　责任编辑：朱利锋　　责任校对：楼旭红
责任设计：何　建　　责任印制：何　建

中国纺织出版社出版发行
地址：北京市朝阳区百子湾东里A407号楼　邮政编码：100124
销售电话：010—67004422　传真：010—87155801
http://www.c-textilep.com
E-mail:faxing@c-textilep.com
中国纺织出版社天猫旗舰店
官方微博http://weibo.com/2119887771
北京教图印刷有限公司印刷　各地新华书店经销
2017年3月第1版第1次印刷
开本：710×1000　1/16　印张：9.25
字数：154千字　定价：68.00元

凡购本书，如有缺页、倒页、脱页，由本社图书营销中心调换

序

    中国是世界上最大的纺织制造业大国，也是最大的棉花消耗国。棉花是世界上使用农药最多的农作物之一，其作为我国目前最重要的进口商品之一，大部分来自美国、澳大利亚等农业现代化国家，这些国家在种植、采摘过程中都喷洒大量农药，特别是剧毒农药。进口棉花的安全卫生质量尤其是棉花中的农药残留对我国纺织工人的安全、纺织产品的质量，继而对我国的环境都具有十分重大的影响。

    在当前世界贸易组织（WTO）框架下，越来越多的国家和地区采用技术性贸易措施来保护本国的经济利益和国家生态安全。为适应我国进出口贸易需要，保护我国纺织行业健康有序发展，更好地履行检验检疫"国门卫士"职责，浙江省出入境检验检疫局承担国家质检公益性专项"进出口棉花中农残检测及国际贸易技术壁垒应对体系研究"课题。课题对棉花生产周期、使用农药种类、全球棉花主产区分布、各产区气候特点、各产区棉花产量都进行了详细研究；对棉花普遍使用的有机氯类、有机磷类、拟除虫菊酯类、烟碱类、苯氧羧酸类、氨基甲酸酯、草甘膦及其代谢物、植物生长调节剂八大类农药进行了检测筛选，为建立我国设置进口棉花贸易措施提供了非常重要的基础数据，具有十分重要的科学和现实意义。

    本书详细介绍了近百种农药残留检测方法，该书的出版不仅有利于棉花质量检验检疫工作者更好地执行标准、统一技术、提高执法水平，同时对棉花生产行业、进出口贸易从业人员、棉纺企业、纺织大专院校以及科研单位都有一定的参考意义和实用价值。

2017年1月

前　言

棉花是目前世界上用量最大的单纤维品种，中国又是最大的棉花消耗国，我国每年进口棉花达500万～700万吨，其中，大部分来自美国、澳大利亚等国家，这些国家种植棉花采用机械化，需要喷洒大量剧毒农药，至此，进口棉花质量直接关系到我国纺织行业及纺织工人的质量安全。为适应我国进出口贸易发展需要，保护我国纺织行业生态安全，更好地履行进出口棉花检验检疫工作，由浙江省出入境检验检疫局丝类检测中心和浙江省检验检疫科学技术研究院共同编写了《棉花中农药残留检测技术》这本书。

本书是国家质量监督检验检疫总局公益性专项"进出口棉花中农残检测及国际贸易技术壁垒应对体系研究"研究成果的结晶。本书详细介绍了八大类近百种农药的棉花农药残留检测方法，大部分内容是自主研究的科研成果，同时还吸纳了国内外在棉花、纺织品中农药残留检测方法的最新文献报道。

全书共分八章，包括有机氯类农药、有机磷类农药、拟除虫菊酯类、烟碱类农药、苯氧羧酸类农药、氨基甲酸酯、草甘膦及其代谢物、植物生长调节剂等。其中，第一章由黄超群、谢文、童赟恺编写；第二章由黄超群、潘璐璐、张文华编写；第三章由黄超群、谢文、张文华编写；第四章由谢文、侯建波、钱艳编写；第五章由黄超群、赵栋、黄雷芳编写；第六章由黄超群、任莹、张文华编写；第七章由黄超群、潘璐璐、吴娟编写；第八章由谢文、潘璐璐、史颖珠编写；全书由谢文、黄超群统稿。

本书重点介绍了各类棉花农药残留检测方法中样品提取和净化的前处理技术，并介绍了每个前处理方法的关键控制点，以方便读者掌握技术，尽快应用到棉花农药残留检测的日常工作中。本书也可供从事纺织行业的大专院校、科研院所相关人员参考。

由于编者水平有限，书中若有错误和不妥之处，恳请读者批评指正！

编者

2016年12月

目　录

1 棉花中有机氯类农药残留检测技术

1.1 概述

有机氯农药（Organochlorine pesticide）是组成成分中含有氯元素，用于防治植物病、虫害的有机化合物。主要分为以环戊二烯为原料和以苯为原料两大类。前者如杀虫剂六六六和DDT（滴滴涕），杀螨剂三氯杀螨醇、三氯杀螨砜等，杀菌剂百菌清、五氯硝基苯、道丰宁等；后者如作为杀虫剂的七氯、氯丹、艾氏剂等，其中，六六六、DDT、艾氏剂等农药国家已明令禁止使用。

1.1.1 有机氯类农药的分子结构及理化性质

有机氯农药大多脂溶性强，水中溶解度低于1mg/kg；挥发性小，氯苯架构稳定，不易被体内酶降解，使用后降解缓慢。环境中的残留农药会通过生物富集和食物链的作用进一步得到富集和扩散，危害生物。即使是土壤微生物作用的产物也像亲体一样存在着残留毒性，如DDT经还原生成DDD，经脱氯化氢后生成DDE。表1-1所示为17种有机氯农药的理化性质、CAS、分子式及结构式。

表1-1 17种有机氯农药的理化性质、CAS、分子式、相对分子质量及结构式

化合物	理化性质	CAS	分子式	相对分子质量	结构式
艾氏剂（Aldrine）	为白色无臭结晶，不溶于水，溶于乙醇、苯、丙酮等多数有机溶剂	309-00-2	$C_{12}H_8Cl_6$	364.93	
狄氏剂（Dialdrine）	为白色无臭晶体，不溶于水，溶于丙酮、苯和四氯化碳等有机溶剂，高毒性	60-57-1	$C_{12}H_8Cl_6O$	380.9	

化合物	理化性质	CAS	分子式	相对分子质量	结构式
异狄氏剂（Endrin）	为液体状，不溶于水，难溶于醇、石油烃，溶于苯、二甲苯	72-20-8	$C_{12}H_8Cl_6O$	380.90	
七氯（Heptachlor）	有樟脑气味的无色晶体，挥发性较大，不溶于水。对光、湿气、酸、碱、氧化剂均稳定	76-44-8	$C_{10}H_5Cl_7$	373.32	
环氧七氯（Heptachlor epoxide）	水中溶解度为0.35mg/L，辛醇-水系为4.51 log K_{ow}	1024-57-3	$C_{10}H_5Cl_7O$	389.32	
五氯硝基苯（Quintozene）	为白色无味晶体，不溶于水，溶于有机溶剂，化学性质稳定，不易挥发、氧化和分解，也不易受阳光和酸碱的影响	82-68-8	$C_6Cl_5NO_2$	295.34	
三氯杀螨砜（Tetradifor）	为无色晶体，在水中的溶解度为0.05mg/L（10℃），0.08mg/L（20℃），易溶于丙酮、苯、氯仿、环己酮、甲苯、二甲苯等有机溶剂，性质稳定，甚至在强酸、碱环境中，对光、热稳定，抗强氧化剂	116-29-0	$C_{12}H_6Cl_4O_2S$	356.05	

续表

化合物	理化性质	CAS	分子式	相对分子质量	结构式
六氯苯 （Hexachlorobenzene）	为无色的晶状固体，难溶于水，在水中的溶解度为5μg/L，微溶于乙醇，溶于热的苯、氯仿、乙醚	118-74-1	C_6Cl_6	284.78	
除草醚 （Nitrofen）	为淡黄色针状结晶，工业品为黄棕色或棕褐色粉末。难溶于水，易溶于乙醇、醋酸等	1836-75-5	$C_{12}H_7Cl_2NO_3$	284.09	
α-六六六 （Alpha-BHC）	为白色晶体，溶于苯，微溶于氯仿，不溶于水	319-84-6	$C_6H_6Cl_6$	290.83	
β-六六六 （Beta-BHC）	为白色晶体，微溶于乙醇、苯和氯仿，不溶于水	319-85-7	$C_6H_6Cl_6$	290.83	
γ-六六六 （Gamma-BHC）	在常温下水中的溶解度为10mL/L，溶于丙酮、氯仿、芳香烃，微溶于石油醚	58-89-9	$C_6H_6Cl_6$	290.83	
δ-六六六 （Delta-BHC）	为白色至浅黄色结晶或粉末，易溶于乙醚、苯和丙酮，溶于乙醇和氯仿，不溶于水	319-86-8	$C_6H_6Cl_6$	290.83	
p, p'-滴滴伊 （p, p'-DDE）	为白色结晶，溶于多数有机溶剂	72-55-9	$C_{14}H_8Cl_4$	318.03	

续表

化合物	理化性质	CAS	分子式	相对分子质量	结构式
o, p′-滴滴涕 （o, p′-DDT）	闪点为11°C，可燃，燃烧产生有毒氯化物烟雾，4°C储存	789-02-6	$C_{14}H_9Cl_5$	354.49	
p, p′-滴滴滴 （p, p′-DDD）	为白色结晶，溶于乙醇和四氯化碳	72-54-8	$C_{14}H_{10}Cl_4$	320.04	
p, p′-滴滴涕 （p, p′-DDT）	为无色针状结晶，熔点108.5～109℃，沸点260℃。易溶于吡啶及二氧六环。在100mL溶剂中溶解度分别为：丙酮58g、四氯化碳45g、氯苯74g、乙醇2g、乙醚28g。不溶于水、稀酸和碱液	50-29-3	$C_{14}H_9Cl_5$	354.5	

1.1.2　国内外有机氯类农药残留检测的技术概况

国内关于棉花中有机氯类农药残留测定方法的文献很少，这里介绍一些纺织品、食品和地表水中有机氯类农药残留量测定方法，可以作为借鉴。

目前检测有机氯类农药残留主要采用高效液相色谱法（HPLC）、气相色谱—质谱联用（GC—MS）法和气相色谱法（GC）。

张翔等[1]采用高效液相色谱—二极管阵列检测器测定棉织物中滴滴滴和滴滴涕等9种有机氯农药残留量。棉织物经丙酮—石油醚超声萃取法提取，提取液浓缩定容后，采用HPLC法测定。方法检出限小于0.1mg/kg，回收率在85.5%～99.6%之间。

王明泰等[2]采用气相色谱—电子捕获检测器（GC—ECD）和气相色谱—质谱（GC—MS）测定纺织品中艾氏剂、狄氏剂、六氯苯等26种有机氯残留量。纺织品试样经丙酮—正己烷（1∶8，体积比）超声波提取，提取液浓缩定容后，用GC—ECD或GC—MS测定，外标法定量。方法检出限小于0.1mg/kg，回收率在77%～105%之间。

徐建芬[3]等采用气相色谱—微池电子捕获检测器测定地表水中环氧七氯等8种有机氯农药残留量。水样经正己烷自动脱气萃取仪萃取，用气相色谱法测定。方法检出限小于0.02μg/L，回收率在81.6%~109.6%之间。

刘宏伟[4]等采用气相色谱—电子捕获检测器（GC—ECD）测定水果蔬菜中8种有机氯农药残留量。样品经乙腈均质提取，提取液浓缩定容后，用GC—ECD测定。方法检出限小于0.9μg/kg，回收率在98.0%~102.5%之间。

杜娟等[5]采用气相色谱—质谱（GC—MS）测定动物性食品中30种有机氯农药残留量。食品试样经乙腈超声提取，凝胶渗透色谱—固相萃取法（GPC）和Florisil固相萃取小柱净化，净化液定容后，用GC—MS测定。方法检出限小于2.7 μg/kg，回收率在55.0%~119.1%之间。

1.2 棉花中有机氯类农药残留的自主研究检测技术（一）

1.2.1 适用范围

此法适用于棉花中六六六、滴滴涕、六氯苯和五氯硝基苯测定。

1.2.2 方法提要

样品用正己烷—丙酮提取，磺化，气相色谱测定，外标法定量。

1.2.3 试剂材料

正己烷、丙酮均为色谱纯；五氯硝基苯、六氯苯、六六六、滴滴涕标准品信息见表1-2。用正己烷将五氯硝基苯、六氯苯标准品配制为1 000mg/L的标准储备液，0~4℃保存。根据需要用正己烷稀释至适当浓度的标准工作液。

表1-2 标准品信息

化合物	英文名称	CAS号	纯度/浓度	供应商
五氯硝基苯	Quintozene	82-68-8	99%	Dr.Ehrenstorfer Gmbh
六氯苯	Hexachlorobenzene	118-74-1	99.5%	Dr.Ehrenstorfer Gmbh
α-六六六	Alpha-BHC			
β-六六六	Beta-BHC			
γ-六六六	Gamma-BHC	—	100mg/L	北京曼哈格生物科技有限公司
δ-六六六	Delta-BHC			
p, p'-滴滴伊	p, p'-DDE			

化合物	英文名称	CAS号	纯度/浓度	供应商
o, p'-滴滴涕	o, p'-DDT			
p, p'-滴滴滴	p, p'-DDD	—	100mg/L	北京曼哈格生物科技有限公司
p, p'-滴滴涕	p, p'-DDT			

1.2.4 试样制备

取10g以上有代表性的试样，剪碎至2mm×2mm以下，混匀。

1.2.5 样品前处理

称取均匀样品1.0g（精确至0.01g），置于50mL具塞离心管中，加入20mL正己烷—丙酮（1∶1，体积比），振摇提取30min后，以4000r/min离心3min，收集上清液。重复用20mL正己烷—丙酮（1∶1，体积比）提取，合并提取液，浓缩至近干，加正己烷溶解，定量转移至10mL离心管中，在40℃以下水浴中用平缓氮气流吹至近干，加0.5mL正己烷定容，再加入3滴浓硫酸磺化，离心后，上清液供气相色谱测定。

1.2.6 仪器设备

安捷伦6890N气相色谱仪，配有电子俘获检测器（ECD）；Agilent HP-1701色谱柱（30m×0.25mm×0.25μm）；载气：氮气，流速1.0mL/min；进样量：1.0μL；升温程序：60℃（1min）$\xrightarrow{10℃/min}$ 270℃（6min）$\xrightarrow{10℃/min}$ 280℃（2min）；进样口温度：240℃；进样方式：不分流进样；检测器温度：325℃。

1.2.7 方法的线性关系

采用正己烷配制五氯硝基苯、六氯苯、α-六六六、β-六六六、γ-六六六、δ-六六六、o, p'-DDT、p, p'-DDT、p, p'-DDD、p, p'-DDE混合标准溶液，质量浓度为0.01μg/mL、0.02μg/mL、0.04μg/mL、0.08μg/mL、0.10μg/mL，分别以各种化合物的峰面积Y对质量浓度X作图，得到各化合物的标准工作曲线。结果显示，在所测定的质量浓度范围内标准工作曲线具有良好的线性，相关系数均大于0.999（表1-3）。

表1-3 化合物线性关系

化合物	线性方程	相关系数
五氯硝基苯	$Y=4.84\times10^2X-1.46\times10^2$	0.9995
六氯苯	$Y=5.03\times10^2X-8.56\times10$	0.9992
α-六六六	$Y=7.38\times10^2X-1.26\times10^2$	0.9998
β-六六六	$Y=2.50\times10^2X-7.29\times10$	0.9991
γ-六六六	$Y=6.21\times10^2X-6.02\times10$	0.9990
δ-六六六	$Y=5.58\times10^2X-9.08\times10$	0.9995
p,p'-滴滴伊	$Y=4.71\times10^2X-1.04\times10^2$	0.9997
o,p'-滴滴涕	$Y=1.08\times10^2X-1.05\times10^2$	0.9993
p,p'-滴滴滴	$Y=4.65\times10^2X+5.46\times10$	0.9995
p,p'-滴滴涕	$Y=6.15\times10X-1.13\times10$	0.9992

1.2.8 回收率及精密度

在不含待测组分的棉花样品中进行农药的添加回收实验，五氯硝基苯添加水平为0.01mg/kg、0.02mg/kg、0.04mg/kg，其余化合物添加水平均为0.005mg/kg、0.01mg/kg、0.02mg/kg，每个添加水平平行测定6次，由表1-4可见，方法的平均回收率为80.3%~98.8%，方法的平均相对标准偏差（RSD）为3.0%~9.8%。

表1-4 棉花中五氯硝基苯、六氯苯、六六六、滴滴涕等测定的回收率及精密度

项目	平均回收率（%）			相对标准偏差（%）		
添加水平（mg/kg）	0.01	0.02	0.04	0.01	0.02	0.04
五氯硝基苯	86.8	90.8	97.8	7.8	6.3	8.8
添加水平（mg/kg）	0.005	0.01	0.02	0.005	0.01	0.02
六氯苯	80.8	92.7	83.0	9.1	5.5	6.6
α-六六六	85.3	83.1	83.8	5.9	5.9	4.3
β-六六六	94.7	86.8	80.4	7.6	3.7	3.7
γ-六六六	84.9	90.4	95.7	3.0	9.8	5.5
δ-六六六	82.1	80.3	87.9	9.7	4.3	9.6
p,p'-DDE	94.5	81.0	85.7	6.3	3.3	5.4
o,p'-DDT	89.9	86.5	98.8	8.3	3.8	7.1
p,p'-DDD	86.4	92.4	88.7	4.6	9.6	7.1
p,p'-DDT	95.4	94.4	84.8	9.3	4.4	3.9

1.2.9 方法测定低限

本方法对于棉花中五氯硝基苯定量限为0.01mg/kg，对于六氯苯、α-六六六、β-六六六、γ-六六六、δ-六六六、o, p'-DDT、p, p'-DDT、p, p'-DDD、p, p'-DDE定量限均为0.005mg/kg。

1.2.10 色谱图

五氯硝基苯、六氯苯、α-六六六、β-六六六、γ-六六六、δ-六六六、o, p'-DDT、p, p'-DDT、p, p'-DDD、p, p'-DDE混合标准溶液色谱图、空白棉花样品及其添加回收样品色谱图分别见图1-1~图1-3。该方法能满足棉花中上述10种农药的检测。

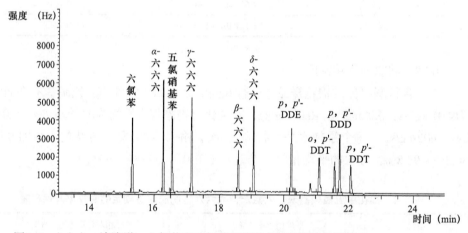

图1-1 六六六、滴滴涕、六氯苯和五氯硝基苯混合标准溶液色谱图（0.02μg/mL）

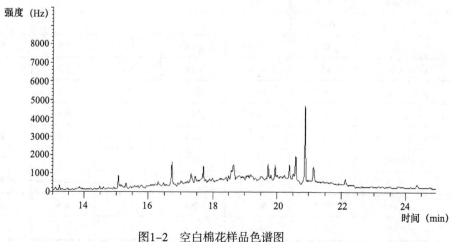

图1-2 空白棉花样品色谱图

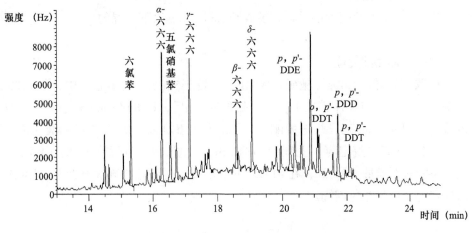

图1-3 空白棉花中添加被测物色谱图（0.01mg/kg）

1.3 棉花中有机氯类农药残留的自主研究检测技术（二）

1.3.1 适用范围
此法适用于棉花中艾氏剂、狄氏剂、异狄氏剂、七氯和环氧七氯测定。

1.3.2 方法提要
样品用正己烷—丙酮提取，固相萃取柱净化，气相色谱测定，外标法定量。

1.3.3 试剂材料
正己烷、丙酮、乙醚均为色谱纯；艾氏剂、狄氏剂、异狄氏剂、七氯和环氧七氯标准品信息见表1-5。用正己烷将标准品配制为1000mg/L的标准储备液，0～4℃保存。根据需要用正己烷稀释至适当浓度的标准工作液。

表1-5 标准品信息

化合物	英文名称	CAS	纯度/浓度	供应商
艾氏剂	Aldrine	309–00–2	99%	Dr.Ehrenstorfer Gmbh
狄氏剂	Dialdrine	60–57–1	97.5%	Dr.Ehrenstorfer Gmbh
异狄氏剂	Endrin	72–20–8	99%	Dr.Ehrenstorfer Gmbh
七氯	Heptachlor	76–44–8	99%	Dr.Ehrenstorfer Gmbh
环氧七氯	Heptachlor epoxide	1024–57–3	99%	Dr.Ehrenstorfer Gmbh

1.3.4　试样制备

取10 g以上有代表性的试样，剪碎至2mm×2mm以下，混匀。

1.3.5　样品前处理

称取均匀样品1.00g（精确至0.01g），置于50mL具塞离心管中，加入20mL正己烷—丙酮（1∶1，体积比），振摇提取30min后，以4000r/min离心3min，收集上清液。重复用20mL正己烷—丙酮（1∶1，体积比）提取，合并提取液，浓缩至近干，加1.0mL正己烷定容，上LC-Florisil SPE 小柱，用正己烷—乙醚（8∶2，体积比）溶液洗脱接收约10mL，在40℃以下水浴中用平缓氮气流吹至近干，用0.5mL正己烷定容，供气相色谱测定。

1.3.6　仪器设备

安捷伦6890N气相色谱仪，配有电子俘获检测器（ECD）；Agilent HP-1701 色谱柱（30m×0.25mm×0.25µm）；载气：氮气，流速1.0mL/min；进样量：1.0µL；升温程序：70℃（1min）$\xrightarrow{15℃/min}$250℃（10min）$\xrightarrow{20℃/min}$280℃（3min）；进样口温度：240℃；进样方式：不分流进样；检测器温度：325℃。

1.3.7　方法线性关系

采用正己烷配制艾氏剂、狄氏剂、异狄氏剂、七氯和环氧七氯混合标准溶液，质量浓度为0.01µg/mL、0.02µg/mL、0.04µg/mL、0.08µg/mL、0.10µg/mL，分别以各种化合物的峰面积Y对质量浓度X作图，得到各化合物的标准工作曲线。结果显示，在所测定的质量浓度范围内标准工作曲线具有良好的线性，相关系数均大于0.999（表1-6）。

表1-6　化合物线性关系

化合物	线性方程	相关系数
艾氏剂	$Y=4.54×10^5X-1.78×10^2$	0.9994
狄氏剂	$Y=3.76×10^5X-1.56×10^2$	0.9997
异狄氏剂	$Y=1.12×10^5X-2.55×10^2$	0.9996
七氯	$Y=3.53×10^5X-1.59×10^2$	0.9992
环氧七氯	$Y=6.93×10^4X-1.22×10^2$	0.9999

1.3.8　回收率及精密度

在不含待测组分的棉花样品中进行农药的添加回收实验，添加水平均为0.01mg/kg、0.02mg/kg、0.04mg/kg，每个添加水平平行测定6次，由表1-7可见，方法的平均回收率为80.0%～99.9%，方法的平均相对标准偏差（RSD）为4.0%～9.5%。

表1-7　棉花中艾氏剂、狄氏剂、异狄氏剂、七氯和环氧七氯测定的回收率及精密度

化合物	平均回收率（%）			相对标准偏差（%）		
	0.01mg/kg	0.02mg/kg	0.04mg/kg	0.01mg/kg	0.02mg/kg	0.04mg/kg
艾氏剂	92.4	99.9	98.6	6.1	7.7	7.7
狄氏剂	82.7	93.0	91.7	8.0	8.8	8.5
异狄氏剂	80.0	80.2	92.9	8.2	5.6	4.0
七氯	89.6	84.7	95.2	7.3	8.6	8.6
环氧七氯	81.0	88.6	80.6	4.4	7.8	9.5

1.3.9　方法测定低限

本方法对于棉花中艾氏剂、狄氏剂、异狄氏剂、七氯和环氧七氯的定量限均为0.01mg/kg。

1.3.10　色谱图

艾氏剂、狄氏剂、异狄氏剂、七氯和环氧七氯混合标准溶液色谱图及空白棉花样品、添加回收样品色谱图分别见图1-4～图1-6。

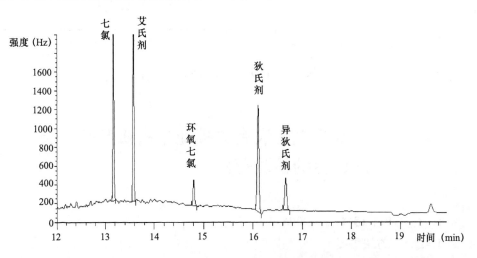

图1-4　艾氏剂、狄氏剂、异狄氏剂、七氯和环氧七氯混合标准溶液色谱图（0.01μg/mL）

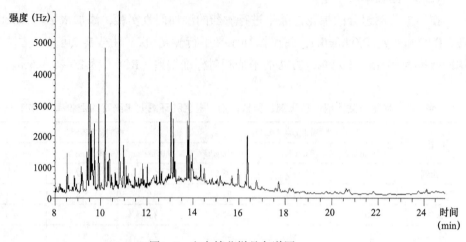

图1-5 空白棉花样品色谱图

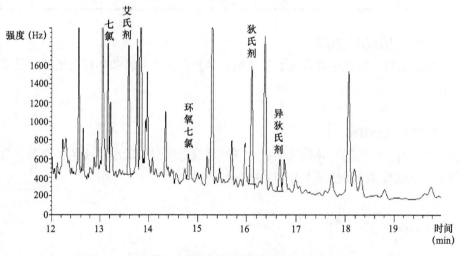

图1-6 空白棉花中添加被测物色谱图（0.01mg/kg）

1.4 其他文献发表有关棉花中有机氯类农药残留量的检测范例

1.4.1 GB/T 18412.2—2006

1.4.1.1 方法提要

试样经丙酮—正己烷（1：8，体积比）超声波提取，提取液浓缩定容后，用配有电子俘获检测器的气相色谱仪（GC—ECD）测定，外标法定量，或用气相色谱—质谱（GC—MS）测定和确证，外标法定量。

1.4.1.2 样品前处理

取代表性样品，将其剪碎至5mm×5mm以下，混匀。称取2.0g（精确至0.01g）试样，置于100mL具塞锥形瓶中，加入50mL丙酮—正己烷（1∶8，体积比），于超声波发生器中提取20min，将提取液过滤。残渣再用30mL正己烷超声提取5min，合并滤液，经无水硫酸钠柱脱水后，收集于100mL浓缩瓶中，于40℃水浴旋转蒸发器浓缩至近干，用苯溶解并定容至5.0mL，供气相色谱测定或气相色谱—质谱确证和测定。

1.4.1.3 仪器条件

（1）气相色谱—电子俘获检测器（GC—ECD）。

①仪器：气相色谱仪，配电子俘获检测器（GC—ECD）。

②色谱柱：HP-5色谱柱（30 m×0.32mm×0.1μm）。

③色谱柱温度：$50℃（2min）\xrightarrow{10℃/min}180℃（1min）\xrightarrow{3℃/min}270℃$（5min）。

④进样口温度：280℃。

⑤检测器温度：300℃。

⑥载气、尾吹气：氮气，纯度≥99.999%，流速：1.2mL/min，尾吹流量50mL/min。

⑦进样方式：无分流进样，1.5min后开阀。

⑧进样量：1μL。

（2）气相色谱—质谱（GC—MS）。

①仪器：气相色谱—质谱仪（GC—MS）。

②色谱柱：DB-5 MS色谱柱（30 m×0.25mm×0.1μm）。

③色谱柱温度：$50℃（2min）\xrightarrow{10℃/min}180℃（1min）\xrightarrow{3℃/min}270℃$（5min）。

④进样口温度：270℃。

⑤色谱—质谱接口温度：280℃。

⑥载气：氦气，纯度≥99.999%，流速：1.2mL/min。

⑦电离方式：EI。

⑧电离能量：70eV。

⑨进样方式：无分流进样，1.5min后开阀。

⑩进样量：1μL。

1.4.1.4 回收率及精密度

本方法对纺织品中26种有机氯农药的测定低限参见表1-8，回收率为75%～110%。

表1-8 有机氯农药定量和定性选择离子及测定低限表

农药名称	保留时间（min）		特征碎片离子（amu）			测定低限（μg/g）	
	GC—ECD	GC—MS	定量	定性	丰度比	GC—ECD	GC—MS
四氯硝基苯	16.047	15.44	261	169、142、107	72：100：86：12	0.02	0.05
氟乐灵	17.204	16.44	306	203、215、231	100：72：11：10	0.01	0.05
α-六六六	18.913	16.80	219	264、290、335	72：100：94：59	0.01	0.01
六氯苯	19.194	17.02	284	142、214、249	100：21：13：23	0.01	0.05
β-六六六	19.913	17.61	219	181、183、217	75：99：100：55	0.02	0.05
γ-六六六	20.156	17.81	219	181、183、254	72：100：97：23	0.01	0.05
五氯硝基苯	20.353	17.98	295	237、249、265	90：100：88：39	0.01	0.05
δ-六六六	21.130	18.61	219	181、183、254	70：100：92：21	0.02	0.05
七氯	23.184	20.35	337	272、237、374	23：100：35：13	0.02	0.10
艾氏剂	24.800	21.72	293	255、263、298	39：30：100：30	0.02	0.10
异艾氏剂	25.227	22.93	364	193、263、293	7：100：46：6	0.02	0.10
环氧七氯	27.025	23.65	353	317、388、263	100：8：9：15	0.02	0.05
cis-氯丹	28.026	24.55	373	237、263、272	100：63：30：37	0.05	0.10
o，p′-滴滴伊	28.350	24.89	318	210、246、281	48：13：100：5	0.02	0.05
α-硫丹	28.663	25.09	339	241、265、277	45：100：70：81	0.02	0.10
trans-氯丹	28.828	25.26	373	237、263、272	100：64：22：50	0.05	0.10
狄氏剂	30.062	26.33	263	277、345、380	100：86：49：49	0.01	0.10
p，p′-滴滴伊	30.518	26.44	318	246、281、316	79：100：15：61	0.02	0.05
o，p′-滴滴滴	31.241	26.81	235	199、212、320	100：15：8：5	0.05	0.05
异狄氏剂	31.774	27.36	317	263、281、345	100：85：64：47	0.02	0.10
β-硫丹	32.386	27.84	339	237、265、277	44：100：62：53	0.02	0.10
p，p′-滴滴滴	32.540	28.51	235	199、212、237	100：11：8：65	0.02	0.05
o，p′-滴滴涕	34.101	28.64	235	199、121、246	100：22：10：14	0.05	0.05
p，p′-滴滴涕	34.485	30.42	235	199、212、246	100：11：13：7	0.02	0.05
甲氧滴滴涕	37.936	33.67	274	212、227、238	6：8：100：5	0.01	0.05
灭蚁灵	39.979	35.24	272	237、332、404	100：49：11：6	0.01	0.05

1.4.1.5 色谱图

有机氯农药标准溶液色谱图见图1-7和图1-8。

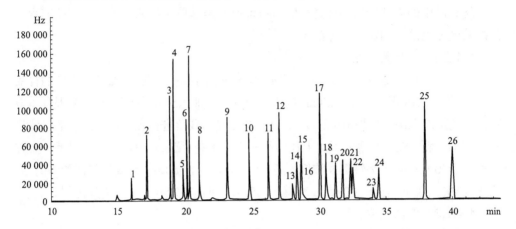

图1-7 有机氯农药标准物气相色谱图（GC—ECD）

1—四氯硝基苯 2—氟乐灵 3—α-六六六 4—六氯苯 5—β-六六六 6—林丹 7—五氯硝基苯

8—δ-六六六 9—七氯 10—艾氏剂 11—异艾氏剂 12—环氧七氯 13—cis-氯丹

14—o, p′-滴滴伊 15—α-硫丹 16—trans-氯丹 17—狄氏剂 18—p, p′-滴滴伊

19—o, p′-滴滴滴 20—异狄氏剂 21—β-硫丹 22—p, p′-滴滴滴

23—o, p′-滴滴涕 24—p, p′-滴滴涕

25—甲氧滴滴涕 26—灭蚁灵

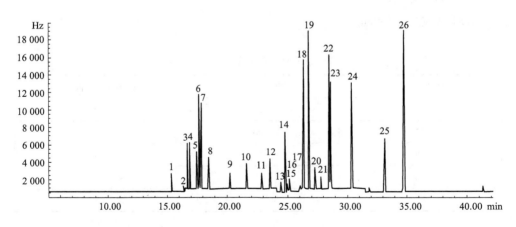

图1-8 有机氯农药标准物的气相色谱—质谱图（GC—MS）

1—四氯硝基苯 2—氟乐灵 3—α-六六六 4—六氯苯 5—β-六六六 6—林丹 7—五氯硝基苯

8—δ-六六六 9—七氯 10—艾氏剂 11—异艾氏剂 12—环氧七氯 13—cis-氯丹

14—o, p′-滴滴伊 15—α-硫丹 16—trans-氯丹 17—狄氏剂 18—p, p′-滴滴伊

19—o, p′-滴滴滴 20—异狄氏剂 21—β-硫丹 22—p, p′-滴滴滴

23—o, p′-滴滴涕 24—p, p′-滴滴涕

25—甲氧滴滴涕 26—灭蚁灵

1.4.2 高效液相色谱法同时检测棉织品中的9种有机氯农药残留[1]

1.4.2.1 方法提要

纺织品中的农药残留物经过丙酮—石油醚超声萃取法提取，提取液浓缩定容，用高效液相色谱仪测定，外标法定量。

1.4.2.2 样品前处理

将棉织物试样剪成碎片面积小于5mm×5mm的小块，称取2.00g有代表性的样品2份（供平行实验用），置于250mL具塞锥形瓶中，加入50mL丙酮—石油醚混合萃取剂，于超声波水浴中提取10min，对纺织品中的农药残留进行提取。将提取液过滤后置于250mL梨形瓶中；残渣再用上述丙酮—石油醚体系50mL提取5min，过滤，合并滤液，于40℃水浴中旋转蒸发浓缩至近干，加入1~1.5mL甲醇，超声溶解2min，如此重复3次，合并。溶液过0.45μm滤膜，在5mL容量瓶中定容，供色谱分析用。

1.4.2.3 仪器条件

①仪器：岛津LC-10 Avp 高效液相色谱仪，配SPD-M10 Avp二极管阵列检测器。

②色谱柱：SGE C$_{18}$色谱柱（150mm×4.6mm×5μm）。

③流动相梯度洗脱条件见表1-9。

④流速：0.8mL/min。

⑤进样量：20μL。

⑥柱温：30℃。

⑦检测波长：230nm。

表1-9 梯度洗脱条件

时间（min）	甲醇（%）	0.1%磷酸水溶液（%）
0	50	50
15	60	40
25	70	30
35	95	5
45	95	5

1.4.2.4 方法的线性关系

在0.5~10mg/L范围内将9种有机氯杀虫剂和除草剂的色谱峰面积Y对样品浓度X（mg/L）进行线性回归，并根据3倍信噪比确定该色谱条件下各农药的检测限。9种农药的线性回归方程、相关系数及最小检测限见表1-10。结果表明：在较宽的浓度范围（0.5~10mg/L）内，该检测方法具有良好的线性。

表1-10　9种农药的线性回归方程及检测限

有机氯农药	线性方程	相关系数	检测限（mg/kg）
2，4-二氯苯氧乙酸	$Y=80349X-8443$	0.9998	0.05
2-甲基-4-氯苯氧乙酸	$Y=78115X-5817$	0.9999	0.05
2，4-滴丙酸	$Y=58987X-1952$	1.0000	0.05
2-甲基-4-氯苯氧丙酸	$Y=65706X-13632$	0.9994	0.05
2，4，5-三氯苯氧乙酸	$Y=43911X-5069$	0.9999	0.05
2-甲基-4-氯苯氧丁酸	$Y=83844X-4727$	0.9998	0.10
β-硫丹	$Y=69738X+15166$	0.9994	0.10
甲氧滴滴涕	$Y=70606X+28172$	0.9988	0.10
滴滴伊	$Y=64445X+7039$	0.9991	0.10

　　取标准工作液（含各标样2mg/L）平行测定6次，各农药峰面积的相对标准偏差（RSD）在2.4%～4.1%之间，表明该方法重现性良好。

1.4.2.5　色谱图

有机氯类农药标准溶液色谱图见图1-9。

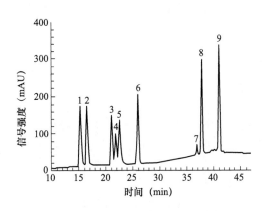

图1-9　9种农药在C_{18}色谱柱上梯度洗脱同时分离色谱图

1—2，4-二氯苯氧乙酸　2—2-甲基-4-氯苯氧乙酸　3—2，4-滴丙酸　4—2-甲基-4-氯苯氧丙酸

5—2，4，5-三氯苯氧乙酸　6—2-甲基-4-氯苯氧丁酸

7—β-硫丹　8—甲氧滴滴涕　9—滴滴伊

参考文献

［1］张翔，廖青，张焱，等.高效液相色谱法同时检测棉织品中的9种有机氯农药残留［J］.色谱，2007，25（3）：380–383.

［2］王明泰，牟峻，刘志研，等.纺织品中有机氯农药残留量检测方法研究［J］.纺织标准与质量，2006（1）：30–33.

［3］徐建芬，阮东德，唐访良，等.气相色谱法同时测定地表水中的百菌清、环氧七氯和有机氯农药［J］.干旱环境监测，2011，25（3）：129–132.

［4］刘宏伟.水果蔬菜中17种有机氯和拟除虫菊酯类农药残留检测方法研究［J］.中国计量，2013（3）：85–95.

［5］杜娟，吕冰，朱盼，等.凝胶渗透色谱—固相萃取联合净化气相色谱—质谱联用法测定动物性食品中30种有机氯农药的残留量［J］.色谱，2013，31（8）：739–746.

2 棉花中有机磷类农药残留检测技术

2.1 概述

有机磷农药（Organophosphrous pesticides，简称OPPs）是用于防治植物病、虫害的含磷的有机化合物。该类农药含有C—P键或C—O—P、C—S—P、C—N—P键。这一类农药品种多、药效高、用途广、量小、作用方式多、易分解、使用方便，广泛应用于农业、工业、医药等领域。由于有机磷农药的广泛应用，它们极易与环境、人类和动物接触，任何误用、误食均可能造成严重的中毒事件。

2.1.1 化合物的分子结构及理化性质

有机磷类农药大多呈结晶状或油状，除敌敌畏和敌百虫之外，大多是有蒜臭味。一般易溶于有机溶剂如乙醚、苯、三氯甲烷、丙酮及油类，不溶于水，对氧、热、光均较稳定，遇碱易分解破坏。而敌百虫例外，敌百虫能溶于水，遇碱可转变为较大毒性的敌敌畏。表2-1所示为30种有机磷类农药的理化性质、CAS、分子式及结构式。

2.1.2 国内外对纺织品中有机磷类农药残留检测的技术概况

国内关于棉花中有机磷类农药残留量测定方法的文献很少，这里介绍一些纺织品中有机磷类农药残留量测定方法，可以作为借鉴。

目前检测有机磷类农药残留主要采用气相色谱方法。由于有机磷分子中含有磷原子、氮原子、硫原子，采用选择性检测器如氮磷检测器（NPD）、火焰光度检测器（FPD）等较容易检测出含有这些原子的物质的含量。

王明泰等[1-2]采用气相色谱—火焰光度检测器（GC—FPD）和气相色谱—质谱（GC—MS）测定纺织材料及其产品中甲胺磷、敌敌畏、速灭磷等30种有机磷残留量。纺织品及其材料试样经乙酸乙酯超声波提取，提取液浓缩定容后，用GC—FPD或GC—MS测定，外标法定量。方法检出限小于0.2mg/kg，回收率在78%～107%之间。

Angelos Tsakirakis等[2]采用配有NPD检测器的气相色谱法（GC—NPD）检测了

表2-1 30种有机磷类农药的理化性质、CAS、分子式、相对分子质量及结构式

化合物	理化性质	CAS	分子式	相对分子质量	结构式
毒死蜱（Chlorpyrifos）	为白色颗粒状结晶，室温下稳定，有硫醇臭味，水中溶解度为1.2mg/L，溶于大多数有机溶剂	2921-88-2	$C_9H_{11}Cl_3NO_3PS$	350.5	
敌敌畏（Dichlorvos）	为无色至浅棕色液体，沸点为74℃，挥发性大，室温下水中的溶解度约为10g/L，在煤油中溶解2%～3%，能与大多数有机溶剂和气溶胶推进剂混溶	62-73-7	$C_4H_7Cl_2O_4P$	220.98	
甲胺磷（禁用）（Methamidophos）	为白色针状结晶，高温分解，易溶于水、乙醇等，稍溶于苯、二甲苯等	10265-92-6	$C_2H_8O_2NPS$	141.14	
乙酰甲胺磷（Acephate）	为白色晶体，易溶于甲醇、乙醇、丙酮、二氯乙烷、二氯甲烷，稍溶于苯、二甲苯	30560-19-1	$C_4H_{10}NO_3PS$	183.17	
灭线磷（Ethoprophos）	为淡黄色透明液体，25℃水中的溶解度750mg/L，溶于多数有机溶剂，沸点86～91℃	13194-48-4	$C_8H_{19}O_2PS_2$	242.34	
甲拌磷（Phorate）	为透明的、有轻微臭味的油状液体，沸点118～120℃，在室温水中溶解度为50～60mg/L，可溶于多数有机溶剂和脂肪油	298-02-2	$C_7H_{17}O_2PS_3$	260.38	

续表

化合物	理化性质	CAS	分子式	相对分子质量	结构式
氧化乐果 （Omethoate）	为无色透明油状液体，沸点约135℃，可与水、乙醇和烃类等多种溶剂混溶，微溶于乙醚，几乎不溶于石油醚	1113-02-6	$C_5H_{12}NO_4PS$	213.19	
异稻瘟净 （Iprobenfos）	为无色透明油状液体，沸点354.4℃ [101.33kPa（760mmHg）]，易溶于多种有机溶剂，不溶于水	26087-47-8	$C_{13}H_{21}O_3PS$	288.34	
乐果 （Dimethoate）	为白色针状结晶，沸点107℃（6.7Pa（0.05torr）], 在水中溶解度为39g/L（室温）	60-51-5	$C_5H_{12}NO_3PS_2$	229.26	
甲基对硫磷 （Parathion-methyl）	为白色结晶，沸点为158℃（266.6Pa），微溶于石油醚，易溶于脂肪族和芳香族的卤素化合物中，难溶于水及石油	298-00-0	$C_8H_{10}NO_5PS$	263.21	
对硫磷 （Parathion）	为无色油状液体，沸点为375℃ [101.33kPa（760mmHg）]，水中溶解度为24mg/L（25℃），微溶于石油醚混溶油，可与多数有机溶剂混溶	56-38-2	$C_{10}H_{14}NO_5PS$	291.26	

续表

化合物	理化性质	CAS	分子式	相对分子质量	结构式
马拉硫磷（Malathion）	为无色或淡黄色油状液体，有蒜臭味；工业品带深褐色，有强烈气味，沸点为156~159℃（0.093kPa），水溶解性为0.0145g/100mL。	121-75-5	$C_{10}H_{19}O_6PS_2$	330.36	
喹硫磷（Quintiofos）	为白色无味结晶，沸点为142℃（3.999×10Pa）（分解），易溶于苯、甲苯、二甲苯、醇、乙醚、丙酮、乙腈、乙酸乙酯等多种有机溶剂，微溶于石油醚，在水中溶解度为22mg/L（常温）	1776-83-6	$C_{17}H_{19}NO_2PS$	329.35	
三唑磷（Triazophos）	为浅棕黄色液体，20℃时在水中的溶解度为35mg/L，可溶于大多数有机溶剂	24017-47-8	$C_{12}H_{16}N_3O_3PS$	313.31	
蝇毒磷（Coumaphos）	为无色结晶，微溶于水	56-72-4	$C_{14}H_{16}ClO_5PS$	362.76	
二嗪磷（Diazinon）	为黄色液体，沸点83~84℃（26.6Pa），蒸汽压12MPa（25℃），在水中溶解度（20℃）为60mg/L，与普通有机溶剂不混溶	333-41-5	$C_{12}H_{21}N_2O_3PS$	96.09	
甲基毒死蜱（Chlorpyrifos-methyl）	为白色结晶，具有轻微的硫醇味，25℃水中溶解度为4mg/L，易溶于大多数有机溶剂	5598-13-0	$C_7H_7Cl_3NO_3PS$	322.53	

续表

化合物	理化性质	CAS	分子式	相对分子质量	结构式
水胺硫磷 (Isocarbophos)	为无色鳞片状结晶，能溶于乙醚、苯、丙酮和乙酸乙酯，不溶于水，难溶于石油醚	24353-61-5	$C_{11}H_{16}NO_4PS$	289.29	
杀螟硫磷 (Fenitrothion)	为浅黄色液体，沸点为140～145℃（13.3Pa），难溶于水（14mg/L），但可溶于大多数有机溶剂中，在脂肪烃中溶解度低	122-14-5	$C_9H_{12}NO_5PS$	277.23	
杀扑磷 (Methidathion)	为无色晶体，溶解度：水200mg/L（25℃），乙醇150g/L（20℃），丙酮670g/L（20℃），甲苯720g/L（20℃），己烷11g/L（20℃），正辛醇14g/L（20℃），在强酸和碱中水解，在中性和微酸环境中稳定	950-37-8	$C_6H_{11}N_2O_4PS_3$	302.33	
乙硫磷 (Ethion)	为无色或琥珀色液体，沸点为125℃（0.0013kPa），微溶于水，溶于氯仿、苯、二甲苯，易溶于丙酮、甲醇、乙醇	563-12-2	$C_9H_{22}O_4P_2S_4$	384.48	
苯硫磷 (EPN)	为淡黄色结晶粉末，沸点为100℃（0.04kPa），不溶于水，易溶于多数有机溶剂	2104-64-5	$C_{14}H_{14}NO_4PS$	323.31	

续表

化合物	理化性质	CAS	分子式	相对分子质量	结构式
丙硫磷 （Prothiofos）	为淡黄色液体，可溶于甲苯、环己酮等多种有机溶剂，20℃时在水中溶解度1.7mg/L	34643-46-4	$C_{11}H_{15}Cl_2O_2PS_2$	345.24	
治螟磷 （Sulfotep）	为无色液体，沸点92℃［13.3Pa（0.1mm汞柱）］，易溶于多种有机溶剂，难溶于石油醚和水	3689-24-5	$C_8H_{20}O_5P_2S_2$	306.25	
久效磷 （Monocrotophos）	为白色固体，能与水混溶，可溶于乙醇、丙酮，稍溶于二甲苯和煤油，难溶于脂肪烃，具有很强的触杀和胃毒作用	6923-22-4	$C_7H_{14}NO_5P$	223.16	
伏杀硫磷 （Phosalone）	为白色结晶，带大蒜味，挥发性小，空气中的饱和浓度小于0.01mg/m³（24℃），几乎不溶于水	2310-17-0	$C_{12}H_{15}ClNO_4PS_2$	367.81	
亚胺硫磷 （Phosmet）	为白色晶体，无臭，25℃时在有机溶剂中的溶解度为：丙酮650g/L，苯600g/L，甲苯300g/L，二甲苯250g/L，甲醇50g/L，煤油5g/L;在水中溶解度为22mg/L	732-11-6	$C_{11}H_{12}NO_4PS_2$	317.33	

续表

化合物	理化性质	CAS	分子式	相对分子质量	结构式
倍硫磷 (Fenthion)	为无色液体，沸点87°C（1.33Pa），水溶性为0.0055g/100mL	55-38-9	$C_{10}H_{15}O_3PS_2$	278.33	
速灭磷 (Mevinphos)	为淡黄色至橙色液体，沸点：99～103℃（3.99Pa），可溶于水、乙醇、丙酮，微溶于脂肪族化合物	7786-34-7	$C_7H_{13}O_6$	224.17	
脱叶磷 (Tribufos)	为浅黄色透明液体，有硫醇臭味，沸点2100℃［100kPa（750mmHg）］，难溶于水，能溶于丙酮、正己烷、乙醇、苯、石脑油和甲基萘	78-48-8	$C_{12}H_{27}OPS_3$	314.51	

纺织品中倍硫磷及其五种氧化产物的残留量。试样经自制的PPE装置和丙酮—二氯甲烷（1：1，体积比）混合液萃取，后进行GC—NPD检测。在该方法的平均回收率大于70%，相对标准偏差小于20%，检出限小于0.1μg/mL。

潘伟等[3]采用气相色谱—质谱法对纺织品中马拉硫磷、甲基对硫磷和喹硫磷3种有机磷农药进行吸附富集、萃取和检测。试样经过聚二甲基硅氧烷（PDMS）纤维萃取，用气相色谱—质谱（GC—MS）测定，外标法定量。线性范围为0.1～500μg/L，检出限低于0.05μg/L，实际样品平均回收率在94.5%～96.2%之间，相对标准偏差小于13%。

汪丽等[4]采用气相色谱—质谱（GC—MS）进行了纺织品中马拉硫磷、甲基对硫磷、敌敌畏和三唑磷等7种有机磷农药的检测。利用固相萃取法从纺织品中提取出待检测的7种有机磷农药，再采用选择离子模式进行GC—MS测试，外标法定量，方法平均回收率在88%～110%之间，相对标准偏差小于16%，检出限均小于20μg/L。

Fang Zhu等[5]采用气相色谱—质谱法（GC—MS）测定棉织品中乙基溴硫磷、谷硫磷等18种有机磷类农药。实验按照一定比例配制了组氨酸、氯化钠和磷酸二氢钠的水溶液来模拟汗液，利用这种模拟汗液通过固相微萃取技术来提取待测的18种有机磷农药，再用GC—MS测定。该方法的平均回收率在76.7%～126.8%之间，相对标准偏差小于9.22%，检出限均低于55μg/L，相对标准偏差在0.66%～9.22%之间。

2.2 棉花中有机磷类农药残留的自主研究检测技术

2.2.1 适用范围
本方法适用于棉花中敌敌畏、甲胺磷、乙酰甲胺磷、甲拌磷、灭线磷、氧化乐果、毒死蜱、甲基毒死蜱、异稻瘟净、甲基对硫磷、对硫磷、马拉硫磷、喹硫磷、三唑磷、蝇毒磷、二嗪磷、久效磷、水胺硫磷、杀螟硫磷、杀扑磷、乙硫磷、苯硫磷、速灭磷、丙硫磷、治螟磷、乐果、倍硫磷、伏杀硫磷、亚胺硫磷、脱叶磷等30种有机磷类农药的测定。

2.2.2 方法提要
样品用正己烷—丙酮提取，分散固相萃取净化，气相色谱测定，外标法定量。

2.2.3 试剂材料
乙腈、丙酮均为色谱纯；乙二胺–N–丙基甲硅烷（PSA）购自supelco公司。

敌敌畏、甲胺磷等30种有机磷类化合物标准品信息见表2-2。储备液用丙酮配制，0~4℃保存。根据需要用丙酮稀释至适当浓度的标准工作液。

表2-2　标准品信息

化合物	英文名称	CAS	纯度/浓度	供应商
敌敌畏	Dichlorvos	62-73-7	98%	Dr.Ehrenstorfer Gmbh
甲胺磷	Methamidophos	10265-92-6	98%	Dr.Ehrenstorfer Gmbh
乙酰甲胺磷	Acephate	30560-19-1	98%	Dr.Ehrenstorfer Gmbh
灭线磷	Ethoprophos	13194-48-4	93%	Dr.Ehrenstorfer Gmbh
甲拌磷	Phorate	298-02-2	98%	Dr.Ehrenstorfer Gmbh
氧化乐果	Omethoate	1113-02-6	98%	Dr.Ehrenstorfer Gmbh
异稻瘟净	Iprobenfos	26087-47-8	97.5%	Dr.Ehrenstorfer Gmbh
甲基毒死蜱	Chlorpyrifos-methyl	5598-13-0	98.5%	Dr.Ehrenstorfer Gmbh
毒死蜱	Chlorpyrifos	2921-88-2	98%	Dr.Ehrenstorfer Gmbh
甲基对硫磷	Parathion-methyl	298-00-0	98.5%	Dr.Ehrenstorfer Gmbh
马拉硫磷	Malathion	121-75-5	99%	Dr.Ehrenstorfer Gmbh
对硫磷	Parathion	56-38-2	98.5%	Dr.Ehrenstorfer Gmbh
喹硫磷	Quinalphos	13593-03-8	99.4%	Dr.Ehrenstorfer Gmbh
三唑磷	Triazophos	24017-47-8	76%	Dr.Ehrenstorfer Gmbh
蝇毒磷	Coumaphos	56-72-4	99.5%	Dr.Ehrenstorfer Gmbh
治螟磷	Sulfotep	3689-24-5	97.5%	Dr.Ehrenstorfer Gmbh
乐果	Dimethoate	60-51-5	98.5%	Dr.Ehrenstorfer Gmbh
倍硫磷	Fenthion	55-38-9	98%	Dr.Ehrenstorfer Gmbh
丙硫磷	Prothiofos	34643-46-4	10 μg/mL	Dr.Ehrenstorfer Gmbh
亚胺硫磷	Phosmet	732-11-6	98.5%	Dr.Ehrenstorfer Gmbh
伏杀硫磷	Phosalone	2310-17-0	98.5%	Dr.Ehrenstorfer Gmbh
速灭磷	Mevinphos	7786-34-7	99%	Dr.Ehrenstorfer Gmbh
二嗪磷	Dithianon	333-41-5	97.5%	Dr.Ehrenstorfer Gmbh
久效磷	Monocrotophos	6923-22-4	99%	Dr.Ehrenstorfer Gmbh
杀螟硫磷	Fenitrothion	122-14-5	98%	Dr.Ehrenstorfer Gmbh
水胺硫磷	Isocarbophos	24353-61-5	94%	Dr.Ehrenstorfer Gmbh
杀扑磷	Methidathion	950-37-8	98.5%	Dr.Ehrenstorfer Gmbh
乙硫磷	Ethion	563-12-2	98.8%	Dr.Ehrenstorfer Gmbh
苯硫磷	EPN	2104-64-5	99%	Dr.Ehrenstorfer Gmbh
脱叶磷	Tribufos（DEF）	78-48-8	99%	Dr.Ehrenstorfer Gmbh

2.2.4 试样制备

取10g以上有代表性的试样，剪碎至2mm×2mm以下，混匀。

2.2.5 样品前处理

准确称取1.0g均匀试样（精确至0.01g），置入50mL塑料离心管中，加入约20mL乙腈，振摇30min后，收集提取液。重复用20mL乙腈提取，合并提取液，浓缩，加1.0mL丙酮定容。加入约0.1g PSA净化，离心。取上清液过滤，供气相色谱仪测定。

2.2.6 仪器条件

（1）Agilent 6890N气相色谱仪，配有火焰光度检测器（磷滤光片）。

（2）色谱柱：DB-1701色谱柱（30 m×0.53mm×1.0μm）。

（3）升温程序：$120℃（1min）\xrightarrow{10℃/min} 230℃ \xrightarrow{20℃/min} 260℃$（15min）。

（4）载气：氮气，恒流模式，流速为1.0mL/min。

（5）进样口温度：250℃。

（6）进样量：4.0μL。

（7）进样方式：不分流进样。

（8）检测器温度：230℃。

2.2.7 方法线性关系

采用丙酮配制30种有机磷混合标准溶液，浓度为0.01μg/mL、0.02μg/mL、0.04μg/mL、0.06μg/mL和0.10μg/mL，对5点系列浓度混合标准溶液进行测定，以峰面积Y对质量浓度X作图，得到30种有机磷类农药的标准工作曲线。结果显示，在所测定的质量浓度范围内标准工作曲线具有良好的线性，相关系数为0.9990~0.9999（表2-3）。

表2-3　化合物线性关系

化合物	线性方程	相关系数
敌敌畏	$Y=4.53 \times 10^4 X-8.06$	0.9995
甲胺磷	$Y=7.43 \times 10^4 X-5.56 \times 10$	0.9994
乙酰甲胺磷	$Y=5.52 \times 10^4 X-2.58 \times 10$	0.9995
灭线磷	$Y=5.76 \times 10^4 X+4.50 \times 10$	0.9997

化合物	线性方程	相关系数
甲拌磷	$Y=4.98 \times 10^4 X-3.24$	0.9998
氧化乐果	$Y=3.27 \times 10^4 X-1.86 \times 10$	0.9998
异稻瘟净	$Y=4.91 \times 10^4 X-1.19$	0.9995
甲基毒死蜱	$Y=3.79 \times 10^4 X+1.84 \times 10$	0.9996
毒死蜱	$Y=4.96 \times 10^4 X-3.36$	0.9995
甲基对硫磷	$Y=4.02 \times 10^4 X-1.20 \times 10$	0.9997
马拉硫磷	$Y=3.54 \times 10^4 X-6.90$	0.9998
对硫磷	$Y=4.64 \times 10^4 X-8.17$	0.9991
喹硫磷	$Y=4.18 \times 10^4 X-1.18 \times 10$	0.9993
三唑磷	$Y=4.26 \times 10^4 X+1.94 \times 10$	0.9995
蝇毒磷	$Y=2.87 \times 10^4 X+7.47$	0.9992
治螟磷	$Y=8.84 \times 10^4 X-3.34$	0.9993
乐果	$Y=4.84 \times 10^4 X-1.18 \times 10$	0.9995
倍硫磷	$Y=4.60 \times 10^4 X-6.86$	0.9997
丙硫磷	$Y=3.92 \times 10^4 X-2.06$	0.9997
亚胺硫磷	$Y=1.27 \times 10^4 X+1.36$	0.9994
伏杀硫磷	$Y=2.54 \times 10^4 X-4.54$	0.9996
速灭磷	$Y=5.42 \times 10^4 X-8.33$	0.9998
二嗪磷	$Y=4.86 \times 10^4 X-2.00$	0.9998
久效磷	$Y=4.49 \times 10^4 X-4.12$	0.9999
杀螟硫磷	$Y=4.15 \times 10^4 X+4.59$	0.9995
水胺硫磷	$Y=4.94 \times 10^4 X-3.29$	0.9997
杀扑磷	$Y=3.24 \times 10^4 X+1.65$	0.9998
乙硫磷	$Y=7.01 \times 10^4 X+7.87$	0.9999
苯硫磷	$Y=4.32 \times 10^4 X+7.66$	0.9992
脱叶磷	$Y=4.03 \times 10^4 X-9.11$	0.9995

2.2.8 回收率和精密度

在不含上述30种有机磷类农药的棉花样品中添加三个浓度水平混合标准溶液，添加浓度为0.01mg/kg、0.02mg/kg和0.10mg/kg，每个添加水平平行测定六次，结果见表2-4。由表2-4可见，30种有机磷在三个浓度水平的平均回收率范围为70.6%～102%，相对标准偏差为2.2%～12.1%。

表2-4 棉花中有机磷类农药检测的回收率及精密度

化合物	平均回收率（%）			相对标准偏差（%）		
	0.01mg/kg	0.02mg/kg	0.10mg/kg	0.01mg/kg	0.02mg/kg	0.10mg/kg
敌敌畏	79.1	92.1	91.0	9.6	3.8	3.7
甲胺磷	90.6	88.0	91.1	6.8	5.7	5.5
乙酰甲胺磷	80.7	90.2	93.5	6.0	8.6	5.1
甲拌磷	92.6	94.3	90.6	2.2	7.7	4.0
灭线磷	81.1	95.4	89.8	7.2	6.2	6.5
氧化乐果	81.3	86.6	96.5	6.6	6.7	4.3
毒死蜱	79.3	87.7	91.2	7.1	6.4	5.2
甲基毒死蜱	77.2	92.7	95.8	8.5	8.7	6.0
异稻瘟净	77.7	93.0	90.7	7.5	7.1	6.1
甲基对硫磷	84.5	91.2	88.5	9.2	6.4	3.7
对硫磷	88.6	102	93.2	11.7	6.2	4.5
马拉硫磷	80.7	92.8	85.9	11.6	7.0	6.9
喹硫磷	73.7	85.9	91.9	10.4	6.4	3.6
三唑磷	75.8	94.1	96.9	8.1	3.3	4.4
蝇毒磷	81.2	91.0	92.1	10.1	5.5	5.2
二嗪磷	81.2	85.0	96.3	8.4	7.8	4.2
久效磷	85.0	86.5	89.0	5.7	5.9	3.9
水胺硫磷	78.8	93.4	92.7	11.3	7.4	5.1
杀螟硫磷	88.6	91.9	82.4	5.3	6.6	3.1
杀扑磷	80.9	91.3	90.6	9.3	8.3	3.7
乙硫磷	83.3	88.8	93.5	9.6	6.4	4.1
苯硫磷	75.5	84.9	90.0	10.3	6.5	6.3
速灭磷	76.8	83.8	91.6	8.2	6.5	7.0
丙硫磷	79.7	91.1	89.6	10.9	7.0	4.5
治螟磷	75.4	95.6	92.3	9.4	6.8	5.9
乐果	70.6	89.8	89.3	8.3	5.2	6.4
倍硫磷	77.8	86.4	93.6	9.1	6.2	5.4
伏杀硫磷	78.6	94.9	92.1	10.8	5.2	8.2
亚胺硫磷	77.7	91.1	94.7	12.1	7.3	3.4
脱叶磷	75.0	88.5	85.0	9.6	5.4	6.0

2.2.9　方法定量限

本方法对于棉花中30种有机磷类农药的定量限均为0.01mg/kg。

2.2.10　色谱图

有机磷类农药混合标准溶液、空白样品及添加回收样品的色谱图分别见图2-1
～图2-3。

2.2.11　方法的关键控制点

（1）样品浓缩时，不宜浓缩至干，应留少量溶剂使其自然挥发，否则会影响
敌敌畏的回收率。

（2）本方法涉及30种有机磷类农药，需进行合理分组，以保证各个农药在方
法色谱条件下能得到有效分离。

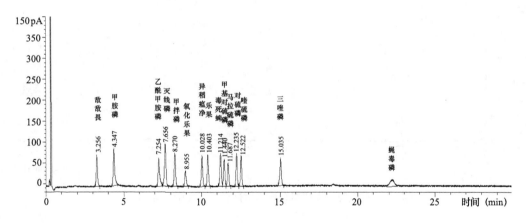

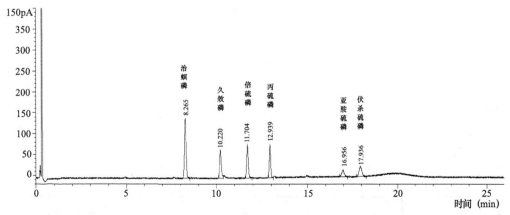

图2-1

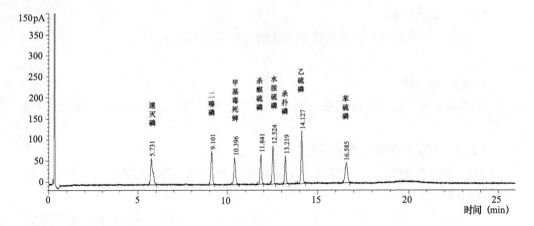

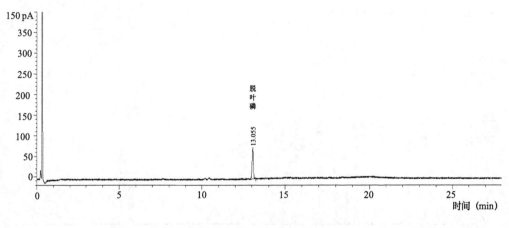

图2-1　有机磷类农药混合标准溶液色谱图（0.01 μg/mL）

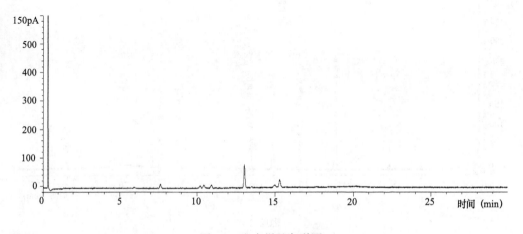

图2-2　空白样品色谱图

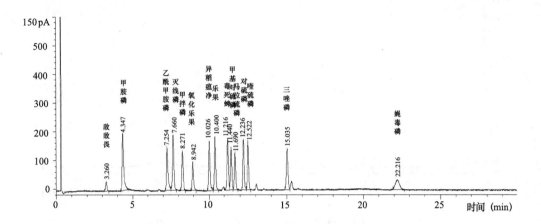

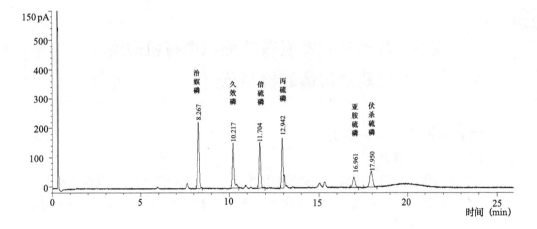

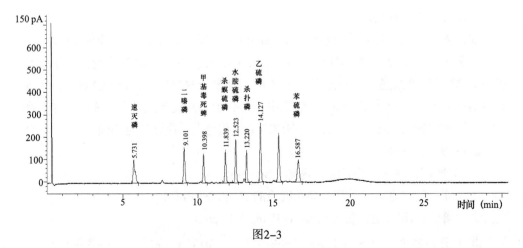

图2-3

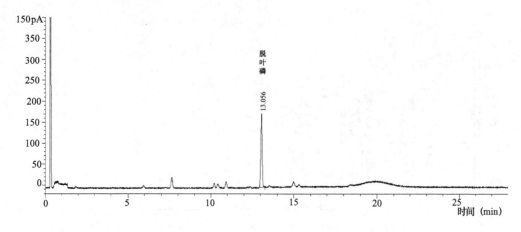

图2-3　空白样品添加有机磷类农药测定色谱图（0.02mg/kg）

2.3　其他文献发表有关棉花中有机磷类农药残留量的检测范例

2.3.1　GB/T 18412.3—2006

2.3.1.1　方法提要

试样经乙酸乙酯超声波提取，提取液浓缩定容后，用配有火焰光度检测器的气相色谱仪（GC—FPD）测定，外标法定量，或用气相色谱—质谱（GC—MS）测定和确证，外标法定量。

2.3.1.2　样品前处理

取代表性样品，将其剪碎至5mm×5mm以下，混匀。称取2.0g（精确至0.01g）试样，置于100mL具塞锥形瓶中，加入50mL乙酸乙酯，于超声波发生器中提取20min。将提取液过滤。残渣再用30mL乙酸乙酯超声提取5min，合并滤液，经无水硫酸钠柱脱水后，收集于100mL浓缩瓶中，于40℃水浴旋转蒸发器浓缩至近干，用丙酮溶解并定容至5.0mL，供气相色谱测定或气相色谱—质谱测定和确证。

2.3.1.3　仪器条件

（1）气相色谱—火焰光度检测器（GC—FPD）。

①仪器：气相色谱仪，配火焰光度检测器（GC—FPD）。

②色谱柱：HP–5色谱柱（30m×0.32mm×0.1μm）。

③色谱柱温度：50℃（2min）$\xrightarrow{10℃/min}$ 180℃（1min）$\xrightarrow{3℃/min}$ 270℃

（12min）。

④进样口温度：280℃。

⑤检测器温度：300℃。

⑥载气、尾吹气：氮气，纯度≥99.999%，流速：1.2mL/min，尾吹流量50mL/min。

⑦燃气：氢气，流量75mL/min。

⑧助燃气：空气，流量100mL/min。

⑨进样方式：无分流进样，1.5min后开阀。

⑩进样量：1μL。

（2）气相色谱—质谱（GC—MS）。

①仪器：气相色谱—质谱仪（GC—MS）。

②色谱柱：DB-5 MS色谱柱（30 m×0.25mm×0.1μm）。

③色谱柱温度：50℃（2min）$\xrightarrow{10℃/min}$ 180℃（1min）$\xrightarrow{3℃/min}$ 270℃（8min）。

④进样口温度：270℃。

⑤色谱—质谱接口温度：280℃。

⑥载气：氦气，纯度≥99.999%，流速：1.2mL/min。

⑦电离方式：EI。

⑧电离能量：70 eV。

⑨进样方式：无分流进样，1.5min后开阀。

⑩进样量：1μL。

2.3.1.4　方法质谱参数及测定低限

本方法对纺织品中30种有机磷农药的定量和定性选择离子、测定低限参见表2-5，回收率为75%~110%。

表2-5　30种有机磷农药定量和定性选择离子及测定低限

农药名称	保留时间（min）		特征碎片离子（amu）			测定低限（μg/g）	
	GC—FPD	GC—MS	定量	定性	丰度比	GC—FPD	GC—MS
甲胺磷	11.02	10.38	141	110、111、126	100：16：27：14	0.20	0.20
敌敌畏	11.43	10.77	220	185、187、222	21：100：33：12	0.05	0.10
速灭磷	14.11	13.25	192	164、193、224	100：30：30：9	0.20	0.10
氧化乐果	16.46	15.24	156	141、181、213	100：12：8：6	0.20	0.10
甲基内吸磷	16.94	15.62	142	143、169、230	100：50：14：18	0.10	0.10

农药名称	保留时间（min）		特征碎片离子（amu）			测定低限（µg/g）	
	GC—FPD	GC—MS	定量	定性	丰度比	GC—FPD	GC—MS
丙线磷	17.17	15.81	242	158、168、200	24∶100∶14∶39	0.05	0.10
百治磷	17.75	16.33	193	127、192、237	13∶100∶8∶10	0.10	0.10
久效磷	17.92	16.48	192	127、164、223	16∶100∶9∶4	0.20	0.20
甲基乙拌磷	18.61	17.01	246	158、185、217	100∶80∶30∶10	0.05	0.10
乐果	18.83	17.20	125	87、143、229	59∶100∶13∶11	0.20	0.20
烯虫磷	19.81	18.07	236	194、205、222	69∶100∶10∶71	0.10	0.10
二嗪磷	20.30	18.48	304	248、276、289	100∶40∶47∶18	0.10	0.10
乙拌磷	20.47	18.59	274	142、153、186	85∶100∶95∶90	0.05	0.10
甲基对硫磷	22.25	20.11	263	200、233、246	100∶10∶14∶8	0.10	0.10
杀螟硫磷	23.52	21.25	277	214、247、260	100∶8∶6∶55	0.10	0.05
马拉硫磷	24.06	21.77	256	173、211、285	10∶100∶9∶6	0.10	0.05
倍硫磷	24.45	22.07	278	245、263、279	100∶7∶7∶13	0.10	0.05
对硫磷	24.58	22.18	291	218、235、261	100∶10∶16∶14	0.05	0.05
毒虫畏（Z）	26.07	23.52	323	267、269、295	69∶100∶66∶24		0.10
毒虫畏（E）	26.64	24.04					
喹硫磷	26.76	24.12	298	225、241、270	100∶22∶48∶41	0.20	0.20
乙基溴硫磷	27.66	24.90	359	242、303、331	100∶33∶81∶35	0.10	0.10
杀虫畏	28.05	25.28	329	204、240、331	100∶8∶10∶98	0.10	0.10
丙溴磷	29.19	26.29	339	269、297、374	100∶45∶44∶40	0.10	0.20
脱叶磷	29.41	26.50	258	202、226、314	44∶100∶44∶19	0.10	0.20
三唑磷	32.71	29.60	257	208、285、313	100∶67∶74∶33	0.20	0.20
敌瘟磷	33.33	30.05	310	173、201、218	74∶100∶35∶18	0.20	0.20
苯硫磷	36.78	33.22	323	185、278、293	47∶100∶10∶8	0.20	0.20
保棉磷	38.74	35.02	160	125、132、161	100∶16∶75∶12	0.20	0.20
益棉磷	40.88	37.02	160	132、133、161	86∶100∶11∶10	0.20	0.20
蝇毒磷	43.24	39.25	362	226、306、334	100∶58∶14∶14	0.20	0.20

2.3.1.5　色谱图

有机磷农药标准溶液色谱图见图2-4和图2-5。

2.3.2　固相微萃取（SPME）在气相色谱—质谱联用检测纺织品中有机磷农药的应用[3]

2.3.2.1　方法提要

试样经过聚二甲基硅氧烷（PDMS）纤维萃取，用气相色谱—质谱（GC—MS）

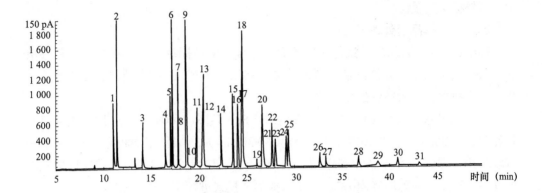

图2-4　有机磷农药标准物气相色谱图（GC—FPD）

1—甲胺磷　2—敌敌畏　3—速灭磷　4—氧化乐果　5—甲基内吸磷　6—丙线磷　7—百治磷

8—久效磷　9—甲基乙拌磷　10—乐果　11—烯虫磷　12—二嗪磷　13—乙拌磷

14—甲基对硫磷　15—杀螟硫磷　16—马拉硫磷　17—倍硫磷　18—对硫磷

19—毒虫畏（Z）　20—毒虫畏（E）　21—喹硫磷　22—乙基溴硫磷

23—杀虫畏　24—丙溴磷　25—脱叶磷　26—三唑磷　27—敌瘟磷

28—苯硫磷　29—保棉磷　30—益棉磷　31—蝇毒磷

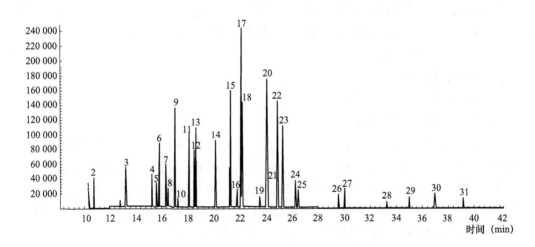

图2-5　有机磷农药标准物气相色谱—质谱图（GC—MS）

1—甲胺磷　2—敌敌畏　3—速灭磷　4—氧化乐果　5—甲基内吸磷　6—丙线磷　7—百治磷

8—久效磷　9—甲基乙拌磷　10—乐果　11—烯虫磷　12—二嗪磷　13—乙拌磷

14—甲基对硫磷　15—杀螟硫磷　16—马拉硫磷　17—倍硫磷　18—对硫磷

19—毒虫畏（Z）　20—毒虫畏（E）　21—喹硫磷　22—乙基溴硫磷

23—杀虫畏　24—丙溴磷　25—脱叶磷　26—三唑磷　27—敌瘟磷

28—苯硫磷　29—保棉磷　30—益棉磷　31—蝇毒磷

测定，外标法定量。

2.3.2.2 样品前处理

称取约1.0g棉纺织品，滴加一定量农残标样，使加标量为0.2mg/g。随后用移液管移入一定量的模拟人体汗液，浸泡温度为25℃，70次/min磁力搅拌1h后，液体转移至萃取瓶中，加入15%的Na_2SO_4。

将聚二甲基硅氧烷（PDMS）萃取纤维（Supel-co、100μm）置于GC进样口中热处理10～20min，温度240℃，He气流（50mL/min），以除去表面残留物。随后将萃取纤维头浸入标准样品和实际样品中，萃取一定时间后，置于GC进样口中脱附处理一定时间，脱附温度240℃。采用选择离子模式进行GC—MS测试。

2.3.2.3 仪器条件

（1）仪器：Thermo FinnGan Traceg GC and DSQ气相色谱—质谱仪（GC—MS）。

（2）色谱柱：DB35MS毛细管色谱柱（30 m×0.25mm×0.25μm）。

（3）色谱柱温度：$55℃（1min）\xrightarrow{25℃/min} 190℃（3min）\xrightarrow{10℃/min} 300℃$（10min）。

（4）进样口温度：240℃。

（5）色谱—质谱接口温度：280℃。

（6）载气：氦气，纯度≥99.999%，流速：1.2mL/min。

（7）电离方式：EI。

（8）电离能量：70 eV。

（9）进样方式：不分流进样。

2.3.2.4 方法技术指标

配制一系列浓度分别为0.1μg/L、1μg/L、5μg/L、10μg/L、20μg/L、40μg/L、60μg/L、80μg/L、100μg/L、200μg/L、500μg/L的有机磷标准溶液做标准工作曲线，结果表明，对3种有机磷农残所选用的SPME-GC/MS方法的线性范围均为0.1～500μg/L，线性相关系数均大于0.99，检出限均小于0.05μg/L。说明SPME可用于处理挥发性的有机磷农药，检出限低，方法引入的误差小。

采用棉纺织品中添加3种有机磷标准品进行回收实验。考虑到人体是以肌肤表面接触纺织品的，因此选择室温约25℃，模拟人体正常心跳70次/min的振动速度，将加标后棉纺织品在模拟人体汗液中浸泡1h。加标回收浓度为0.2mg/g，平行测量5次。在SIM模式下外标法定量，实验结果见表2-6。

从表2-6可以看出，SPME-GC/MS方法测试棉纺织品中3种有机磷农药的平均回收率介于94.06%～96.17%之间，相对标准偏差（RSD）介于9.4%～14%之间。说明SPME-GC/MS用于检测纺织品中有机磷农药残留，其重现性和精密度都很好，可进行定量分析。

表2-6　方法的回收率和精密度（%）

测试次数 / 有机磷农药名称	甲基对硫磷	马拉硫磷	喹硫磷
1	98.55	92.06	99.11
2	93.46	100.47	94.42
3	91.77	85.64	93.09
4	94.31	93.66	98.03
5	94.42	98.47	96.22
平均回收率（%）	94.50	94.06	96.17
RSD（%）	14	13	9.4

2.3.2.5　色谱图

在选定的实验条件下，马拉硫磷（Malathion）、甲基对硫磷（Parathion-methyl）、喹硫磷（Quinalphos）3种有机磷农药通过100 m的PDMS纤维从模拟人体汗液的样品中萃取出来，用GC—MS分析得到的总离子流图见图2-6。

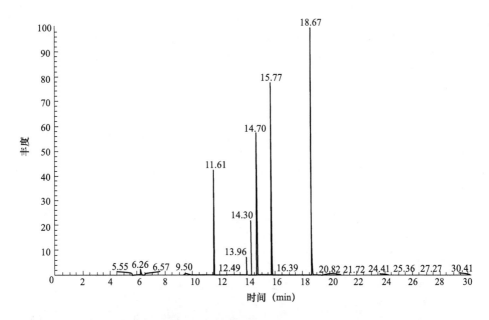

图2-6　3种有机磷农药的SPME-GC/MS总离子流图
（甲基对硫磷：13.96，马拉硫磷：14.30，喹硫磷：15.77）

参考文献

［1］王明泰，牟峻，刘志研，等. 纺织品中有机磷农药残留量检测方法的研究［J］. 纺织标准与质量，2006（2）：29-33.

［2］Angelos Tsakirakis，Kyriaki Machera. Determination of fenthion and oxidation products in personal protection equipment by gas chromatography［J］. Journal of Chromatography A. 2007（1171）98-103.

［3］潘伟，户献雷，汪丽，等. 固相微萃取在气相色谱—质谱联用检测纺织品中有机磷农药的应用［J］. 纺织标准与质量，2006（5）：47-50.

［4］汪丽，蔡依军，户献雷，等. 固相微萃取/气相色谱—质谱检测纺织品中有机磷农药残留［J］. 分析测试学报，2007，26（3）：413-416.

［5］Fang Zhu，Wenhong Ruan，Minheng He，etal. Application of solid-phase microextraction for the determination of organophosphorus pesticides in textiles by gas chromatography with mass spectrometry［J］. Analytica Chimica Acta，2009（650）202‐206.

3 棉花中拟除虫菊酯类农药残留检测技术

3.1 概述

拟除虫菊酯（Pyrethroid）类农药是一类仿生合成的杀虫剂，是改变天然除虫菊酯的化学结构衍生的合成酯类，具有高效、广谱、低毒和生物降解等特性，被作为有机氯农药的替代品得到广泛应用。除防治农业害虫外，还在防治蔬菜、果树害虫等方面取得了较好的效果，对蚊、蟑螂、头虱等害虫，亦有相当满意的灭杀效果。由于其使用面积大、应用范围广、数量大、接触人群多，所以中毒病例屡有发生。

3.1.1 化合物的分子结构及理化性质

拟除虫菊酯类农药化学性质较稳定，自然环境中残留期长达30~60d[1]。拟除虫菊酯类农药多为黄色黏稠液体或无色晶体，挥发性低，不溶于水，易溶于多种有机溶剂，遇碱分解。10种拟除虫菊酯农药的中英文名称、分子式、结构式和理化性质等信息如表3-1所示。

3.1.2 国内外对纺织品中菊酯类农药残留检测的技术概况

国内关于棉花中拟除虫菊酯类农药残留量测定方法的研究较少，这里介绍一些纺织品、棉籽和水果蔬菜中拟除虫菊酯类农药残留量测定方法，可以作为借鉴。

目前检测拟除虫菊酯类农药残留量通常采用气相色谱方法或气相色谱—质谱方法。拟除虫菊酯分子中含有卤素等电负性基团，电子捕获检测器（ECD）常作为检测拟除虫菊酯分子首选的检测器，它具有选择性高、灵敏度高和干扰小等特点。

国家标准GB/T 18412.4—2006《纺织品 农药残留量的测定 第4部分：拟除虫菊酯农药》，应用配有ECD检测器的气相色谱仪或者气相色谱—质谱（GC—MS）测定纺织材料及其产品中12种拟除虫菊酯农药残留量。试样经丙酮—正己烷（1∶4，体积比）超声波提取，提取液浓缩定容后，用配有电子俘获检测器的气相色谱仪（GC—ECD）测定，外标法定量，或用气相色谱—质谱（GC—MS）测定和确证，外标法定量。方法检出限小于0.2mg/kg，回收率为75%~110%。

王明泰等[2]采用GC—ECD和GC—MS两种方法测定及确证纺织品及其材料中12

表3-1 10种菊酯类农药的中英文通用名、分子式、结构式、理化性质等信息

化合物	理化性质	CAS	分子式	相对分子质量	结构式
联苯菊酯（Bifenthrin）	为白色固体，溶于多数有机溶剂，难溶于水。（水中溶解度为0.1mg/L）	82657-04-3	$C_{23}H_{22}F_3ClO_2$	422.86	
甲氰菊酯（Fenpropathrin）	为白色结晶固体、不溶于水，溶于二甲苯、丙酮、氯仿中。	64257-84-7	$C_{22}H_{23}NO_3$	348.42	
三氟氯氰菊酯（Cyhalothrin）	纯品为白色固体、不溶于水，溶于大多数有机溶剂	91465-08-6	$C_{23}H_{19}ClF_3NO_3$	449.86	
氟氯氰菊酯（Betacyfluthrin）	纯品为紫稠的、部分结晶的琥珀色油状物，不溶于水，微溶于乙醇、易溶乙醚、丙酮，甲苯、二氯甲烷等有机溶剂	68359-37-5	$C_{22}H_{18}Cl_2FNO_3$	343.3	

续表

化合物	理化性质	CAS	分子式	相对分子质量	结构式
氯氰菊酯 (Cypermethrin)	工业品为黄色至棕色黏稠固体，60℃时为黏稠液体，难溶于水（20℃时为0.1mg/kg），在大多数有机溶剂如醇类、氯代烃、酮类、环己烷、苯、二甲苯中溶解度>450g/L；在己烷中溶解度为130g/L	86753-92-6	$C_{22}H_{19}Cl_2NO_3$	416.32	
氰戊菊酯 (Fenvalerate)	原药为褐色黏稠液体，沸点大于200℃[133Pa（1.0mmHg）]，几乎不溶于水，易溶于二甲苯、丙酮、氯仿等有机溶剂	51630-58-1	$C_{25}H_{22}ClNO_3$	419.9	
溴氰菊酯 (Decamethrin)	为白色斜方晶系针状结晶，难溶于水，溶于多数有机溶剂	52918-63-5	$C_{22}H_{19}Br_2NO_3$	505.24	
氯菊酯 (Permethrin)	为固体，溶于丙酮、乙醇、乙醚、二甲苯等有机溶剂。在25℃水中的溶解度为（0.07±0.02）mg/kg	52645-53-1	$C_{21}H_{19}Cl_2O_3$	391.2877	

续表

化合物	理化性质	CAS	分子式	相对分子质量	结构式
氟胺氰菊酯 （Taufluvalinate）	原药为黏稠的黄色油状液体。沸点566.2℃〔101.33kPa（760mmHg）〕，易溶于丙酮、醇类、二氯甲烷、三氯甲烷、乙醚及芳香烃有机溶剂；难溶于水（0.002mg/kg）	102851-06-9	$C_{26}H_{22}ClF_3N_2O_3$	502.9	
氟氰戊菊酯 （Flucythrinate）	为琥珀色黏稠液体，沸点545.101℃〔101.33kPa（760mmHg）〕，溶解度为：丙酮>82%，丙醇>78%，己烷9%，二甲苯181%；几乎不溶于水（65mg/L）	70124-77-5	$C_{26}H_{23}F_2NO_4$	451.4619	

种拟除虫菊酯残留量。试样经丙酮—正己烷（1∶4，体积比）超声波提取，提取液浓缩定容后，用GC—ECD和GC—MS测定。方法的检出限小于0.2mg/kg，回收率为80%～104%，精密度为4.78%～9.88%。

范志先等[3]采用配有二极管阵列检测器（PDA）的反相高效液相色谱法测定纺织品中的氯菊酯。以石油醚为溶剂，索氏提取法提取纺织品中的氯菊酯。采用反相高效液相色谱法，使用PDA检测器，对纺织品样品中氯菊酯含量进行了测定。该方法的检出限（LOD）为2ng，定量限（LOQ）为2.5mg/kg。平均回收率在100.1%～102.6%之间，相对标准偏差小于2.46%。

田树盛等[4]用配有电子捕获检测器的气相色谱法分析纺织品中氯菊酯。方法的最低检测限可达0.001mg/kg，平均回收率为90%～100%，相对标准偏差小于5%。

郭明等[5]用气相色谱法测定了棉籽中氯氟氰菊酯的消解动态和最终残留量。试样经石油醚—丙酮（4∶1，体积比）提取，提取液用柱层析净化，浓缩定容后用配有电子俘获检测器的气相色谱仪（GC—ECD）测定，外标法定量。该方法的最低检测限可达0.001mg/kg，平均回收率为82.7%。

I. Mukherjee等[6]采用配有电子捕获检测器（ECD）的气液色谱法（GLC）测定棉籽和纺织品中氟氯氰菊酯的残留量。样品用正己烷—丙酮（1∶1，体积比）混合溶液进行索氏萃取，皮棉样品的提取液经过装有硫酸钠和酸性氧化铝的柱子净化，浓缩定容后进行GLC检测；棉籽样品的提取液经过正己烷—乙腈（1∶3，体积比）和二氯甲烷液—液萃取净化，浓缩定容后进行GLC检测。该方法的平均回收率在75%～87%之间，最低检测限为0.001mg/kg。

刘宏伟[7]等采用气相色谱—电子捕获检测器（GC—ECD）测定水果蔬菜中7种菊酯农药残留量。样品经乙腈提取后盐析，浓缩液经弗罗里析柱后再浓缩，用正己烷定容，用GC—ECD测定。方法的检出限小于3 μg/kg，回收率为82.4%～90.9%，相对标准偏差为0.9%～5.2%。

3.2 棉花中拟除虫菊酯类农药残留的自主研究检测技术

3.2.1 适用范围

本方法适用于棉花中联苯菊酯、甲氰菊酯、三氟氯氰菊酯、氟氯氰菊酯、氯氰菊酯、氰戊菊酯、溴氰菊酯、氯菊酯、氟胺氰菊酯、氟氰戊菊酯的测定。

3.2.2 方法提要

样品用乙腈提取，固相萃取柱净化，气相色谱测定，外标法定量。

3.2.3 试剂材料

乙腈、正己烷、乙醚均为色谱纯；LC—Florisil SPE柱（1g，6mL）购自Supelco公司。

联苯菊酯、甲氰菊酯、三氟氯氰菊酯、氟氯氰菊酯、氯氰菊酯、氰戊菊酯、溴氰菊酯、氯菊酯、氟胺氰菊酯、氟氰戊菊酯标准品信息见表3-2。储备液用正己烷配制，0~4℃保存。根据需要用正己烷稀释至适当浓度的标准工作液。

表3-2 标准品信息

化合物	英文名称	CAS	纯度（%）	供应商
联苯菊酯	Bifenthrin	82657-04-3	99.5	Dr.Ehrenstorfer Gmbh
甲氰菊酯	Fenpropathrin	64257-84-7	99	Dr.Ehrenstorfer Gmbh
三氟氯氰菊酯	Lambdacyhalothrin	91465-08-6	98	Dr.Ehrenstorfer Gmbh
氟氯氰菊酯	Cyfluthrin	68359-37-5	98	Dr.Ehrenstorfer Gmbh
氯氰菊酯	Cypermethrin	52315-07-8	97	Dr.Ehrenstorfer Gmbh
氰戊菊酯	Fenvalerate	51630-58-1	99	Dr.Ehrenstorfer Gmbh
溴氰菊酯	Deltamethrin	52918-63-5	98	Dr.Ehrenstorfer Gmbh
氯菊酯	Permethrin	52645-53-1	94	Dr.Ehrenstorfer Gmbh
氟胺氰菊酯	Tau-fluvalinate	102851-06-9	96.5	Dr.Ehrenstorfer Gmbh
氟氰戊菊酯	Flucythrinate	70124-77-5	87.5	Dr.Ehrenstorfer Gmbh

3.2.4 试样制备

取10g以上有代表性的试样，剪碎至2mm×2mm以下，混匀。

3.2.5 样品前处理

称取均匀样品1.0g（精确至0.01g），置于50mL具塞离心管中，加入20mL乙腈，振摇提取在40℃以下水浴中用平缓氮气流吹至近干30min后，以4 000r/min离心3min，收集上清液。重复用20mL乙腈提取，合并提取液，浓缩至近干，加1.0mL正己烷定容，LC-Florisil固相萃取柱净化，用正己烷—乙醚（8：2，体积比）溶液洗脱接收约10mL，在40℃以下水浴中用平缓氮气流吹至近干，用0.5mL正己烷定容，过滤膜，供气相色谱测定。

3.2.6 仪器条件

（1）Agilent 6890N气相色谱仪，配有电子俘获检测器。

（2）色谱柱：Agilent DB–5色谱柱（30m×0.25mm×0.25μm）。

（3）升温程序：70℃（1min）$\xrightarrow{25℃/min}$ 270℃（15min）$\xrightarrow{25℃/min}$ 300℃（5min）。

（4）载气：氮气，恒流模式，流速为1.0mL/min。

（5）进样口温度：270℃。

（6）进样量：1.0μL。

（7）进样方式：不分流进样。

（8）检测器温度：325℃。

3.2.7 方法线性关系

采用正己烷配制10种拟除虫菊酯农药混合标准溶液，浓度为0.02μg/mL、0.04μg/mL、0.08μg/mL、0.20μg/mL和0.40μg/mL，对5点系列浓度混合标准溶液进行测定，以峰面积Y对质量浓度X作图，得到各化合物的标准工作曲线。结果显示，在所测定的质量浓度范围内标准工作曲线具有良好的线性，相关系数均大于0.999（表3–3）。

表3–3 化合物线性关系

化合物	线性方程	相关系数
联苯菊酯	$Y=5.82×10^4X–1.04×10^2$	0.9990
甲氰菊酯	$Y=6.32×10^4X–8.09×10$	0.9991
三氟氯氰菊酯	$Y=1.72×10^5X–1.21×10^2$	0.9992
氟氯氰菊酯	$Y=1.11×10^5X–7.73×10$	0.9995
氯氰菊酯	$Y=8.06×10^4X–5.75×10$	0.9999
氰戊菊酯	$Y=1.20×10^5X–1.08×10^2$	0.9994
溴氰菊酯	$Y=1.07×10^5X–3.56×10$	0.9992
氯菊酯	$Y=2.42×10^4X+5.89×10$	0.9996
氟胺氰菊酯	$Y=1.32×10^5X–2.14×10$	0.9997
氟氰戊菊酯	$Y=1.04×10^5X+1.40×10^2$	0.9992

3.2.8 回收率和精密度

在不含上述拟除虫菊酯农药的棉花样品中添加三个浓度水平混合标准溶液，添加浓度为0.01mg/kg、0.02mg/kg和0.04mg/kg，每个添加水平平行测定六次，结果见表3–4。由表3–4可知，10种拟除虫菊酯类农药在三个浓度水平的平均回收率范围为81.3%~98.6%，相对标准偏差为3.1%~9.4%。

表3-4　棉花中拟除虫菊酯农药检测的回收率及精密度

化合物	平均回收率（%）			相对标准偏差（%）		
	0.01mg/kg	0.02mg/kg	0.04mg/kg	0.01mg/kg	0.02mg/kg	0.04mg/kg
联苯菊酯	89.6	94.5	94.4	4.6	6.2	3.4
甲氰菊酯	96.4	87.2	96.1	5.1	5.1	4.4
三氟氯氰菊酯	97.0	90.8	90.5	7.9	8.8	4.3
氟氯氰菊酯	94.7	95.3	93.1	9.4	3.1	4.5
氯氰菊酯	85.9	90.7	90.4	5.7	9.3	9.4
氰戊菊酯	93.1	85.9	87.6	5.1	3.8	4.7
溴氰菊酯	81.3	87.0	98.6	7.2	6.8	3.9
氯菊酯	83.7	90.6	94.4	3.3	5.6	7.5
氟胺氰菊酯	89.1	89.5	91.4	5.8	3.9	6.3
氟氰戊菊酯	97.6	82.2	85.7	4.3	9.1	3.7

3.2.9　方法测定低限（LOQ）

本方法对于棉花中10种拟除虫菊酯农药的方法测定低限均为0.01mg/kg。

3.2.10　色谱图

拟除虫菊酯农药混合标准溶液、空白样品及添加回收样品的色谱图分别见图3-1～图3-3。

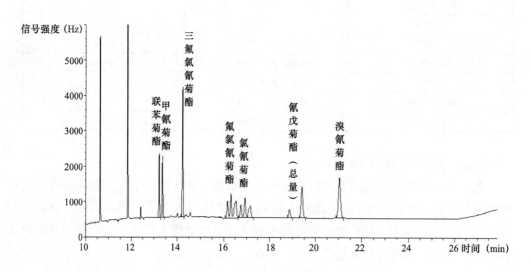

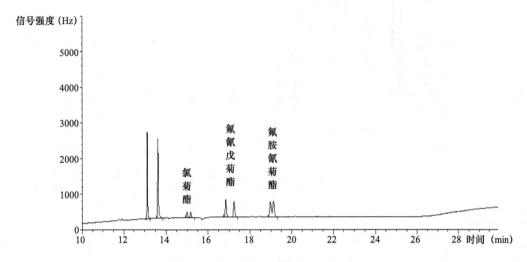

图3-1 拟除虫菊酯农药混合标准溶液色谱图（0.04μg/mL）

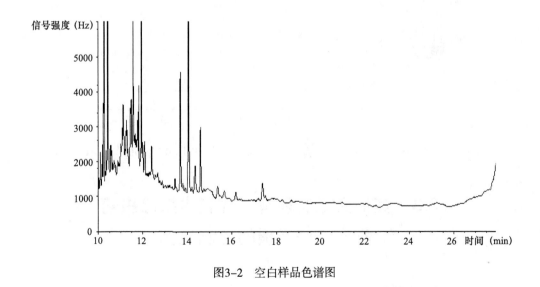

图3-2 空白样品色谱图

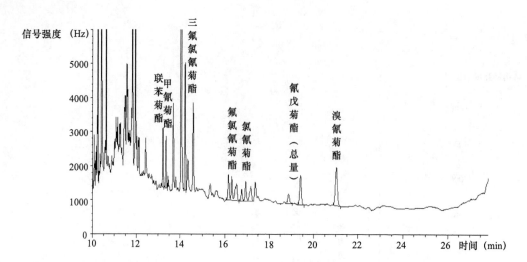

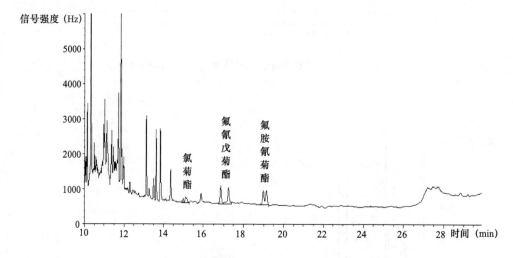

图3-3　空白样品添加拟除虫菊酯农药测定色谱图（0.02mg/kg）

3.3　其他文献发表有关棉花中拟除虫菊酯类农药残留量的检测范例

3.3.1　GB/T 18412.4—2006

3.3.1.1　方法提要

试样经丙酮—正己烷（1∶4，体积比）超声波提取，提取液浓缩定容后，用配有电子俘获检测器的气相色谱仪（GC—ECD）测定，外标法定量，或用气相色谱—

质谱（GC—MS）测定和确证，外标法定量。

3.3.1.2 样品前处理

取代表性样品，将其剪碎至5mm×5mm以下，混匀。称取2.0g（精确至0.01g）试样，置于100mL具塞锥形瓶中，加入50mL丙酮—正己烷（1：4，体积比），于超声波水浴中提取20min。将提取液过滤。残渣再用30mL丙酮—正己烷（1：4，体积比）超声提取5min，合并滤液，经无水硫酸钠柱脱水后，收集于100mL浓缩瓶中，于40℃水浴旋转蒸发器浓缩至近干，用正己烷溶解并定容至5.0mL，供气相色谱测定或气相色谱—质谱确证和测定。

3.3.1.3 仪器条件

（1）气相色谱—电子俘获检测器（GC—ECD）。

①仪器：气相色谱仪，配电子俘获检测器。

②色谱柱：HP-5色谱柱（30m×0.32mm×0.1μm）。

③色谱柱温度：50℃（2min）$\xrightarrow{10℃/min}$ 180℃（1min）$\xrightarrow{3℃/min}$ 270℃（10min）。

④进样口温度：280℃。

⑤检测器温度：300℃。

⑥载气、尾吹气：氮气，纯度≥99.999%，流速：1.2mL/min，尾吹流量50mL/min。

⑦进样方式：无分流进样，1.5min后开阀。

⑧进样量：1μL。

（2）气相色谱—质谱（GC—MS）。

①仪器：气相色谱—质谱仪。

②色谱柱：DB-5 MS色谱柱（30m×0.25mm×0.1μm）。

③色谱柱温度：50℃（2min）$\xrightarrow{10℃/min}$ 180℃（1min）$\xrightarrow{3℃/min}$ 270℃（10min）。

④进样口温度：270℃。

⑤接口温度：280℃。

⑥载气：氦气，纯度≥99.999%，流速：1.2mL/min。

⑦电离方式：EI。

⑧电离能量：70 eV。

⑨进样方式：无分流进样，1.5min后开阀。

⑩进样量：1μL。

3.3.1.4 方法技术指标

本方法对纺织品中12种拟除虫菊酯农药残留量的测定低限参见表3-5。本方法对纺织品中11种拟除虫菊酯农药的回收率为75%～110%。

表3-5 拟除虫菊酯农药定量和定性选择离子及测定低限

农药名称	保留时间（min）		特征碎片离子（amu）			测定低限（μg/g）	
	GC—ECD	GC—MS	定量	定性	丰度比	GC—ECD	GC—MS
联苯菊酯	37.95	33.72	181	165、166、182	100：25：26：15	0.05	0.10
甲氰菊酯	38.27	33.99	181	209、265、349	100：30：48：15	0.05	0.10
氯氟氰菊酯（RS）	41.25	36.80	181	197、208、225	100：77：54：8	0.05	0.20
氟丙菊酯	41.99	37.69	181	208、247、289	100：64：13：43	0.05	0.10
氯菊酯（Ⅰ）	43.49	38.82	183	163、165、184	100：18：16：15	0.02	0.02
氯菊酯（Ⅱ）	43.92	39.32			100：25：20：15		
氟氯氰菊酯（Ⅰ）	45.53	40.75	206	163、199、226	76：100：47：60	0.10	0.20
氟氯氰菊酯（Ⅱ）	45.85	41.09			64：100：40：44		
氟氯氰菊酯（Ⅲ）	46.10	41.29			75：100：46：59		
氟氯氰菊酯（Ⅳ）	46.23	41.45			63：100：38：43		
氯氰菊酯（Ⅰ）	46.55	41.68	181	163、208、209	88：100：22：31	0.10	0.20
氯氰菊酯（Ⅱ）	46.90	42.00			76：100：18：28		
氯氰菊酯（Ⅲ）	47.16	42.21			88：100：21：34		
氯氰菊酯（Ⅳ）	47.31	42.34			73：100：17：26		
氟硅菊酯	49.21	43.09	286	179、199、258	70：100：19：48	0.10	0.10
杀灭菊酯	50.04	44.38	181	209、225、419	100：23：90：65	0.10	0.20
氰戊菊酯	50.89	45.03	181	209、225、419	100：24：87：66	0.10	0.20
氟胺氰菊酯（Ⅰ）	51.06	45.22	181	209、250、252	18：25：100：32	0.05	0.10
氟胺氰菊酯（Ⅱ）	51.40	45.47					
溴氰菊酯	53.66	46.72	181	209、251、253	100：26：48：94	0.10	0.20

3.3.1.5 色谱图

拟除虫菊酯农药标准溶液色谱图见图3-4和图3-5。

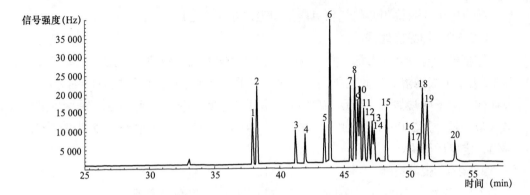

图3-4　拟除虫菊酯农药标准物气相色谱图（GC—ECD）

1—联苯菊酯　2—甲氰菊酯　3—氯氟氰菊酯（RS）　4—氟丙菊酯　5—氯菊酯（Ⅰ）
6—氯菊酯（Ⅱ）7—氟氯氰菊酯（Ⅰ）　8—氟氯氰菊酯（Ⅱ）　9—氟氯氰菊酯（Ⅲ）
10—氟氯氰菊酯（Ⅳ）　11—氯氰菊酯（Ⅰ）　12—氯氰菊酯（Ⅱ）
13—氯氰菊酯（Ⅲ）　14—氯氰菊酯（Ⅳ）　15—氟硅菊酯
16—杀灭菊酯　17—氰戊菊酯　18—氟胺氰菊酯（Ⅰ）
19—氟胺氰菊酯（Ⅱ）　20—溴氰菊酯

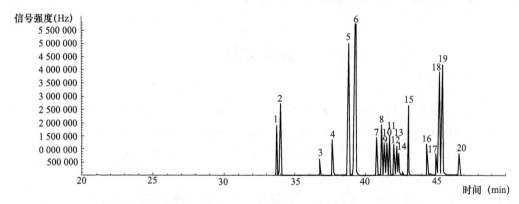

图3-5　拟除虫菊酯农药标准物的气相色谱—质谱图（GC—MS）

1—联苯菊酯　2—甲氰菊酯　3—氯氟氰菊酯（RS）　4—氟丙菊酯　5—氯菊酯（Ⅰ）
6—氯菊酯（Ⅱ）　7—氟氯氰菊酯（Ⅰ）　8—氟氯氰菊酯（Ⅱ）　9—氟氯氰菊酯（Ⅲ）
10—氟氯氰菊酯（Ⅳ）　11—氯氰菊酯（Ⅰ）　12—氯氰菊酯（Ⅱ）
13—氯氰菊酯（Ⅲ）　14—氯氰菊酯（Ⅳ）　15—氟硅菊酯
16—杀灭菊酯　17—氰戊菊酯　18—氟胺氰菊酯（Ⅰ）
19—氟胺氰菊酯（Ⅱ）　20—溴氰菊酯

3.3.2　氯氟氰菊酯在棉花和土壤中的残留动态研究[5]

3.3.2.1　方法提要

试样经石油醚—丙酮（4：1，体积比）提取，提取液用柱层析净化，浓缩定容后用配有电子俘获检测器的气相色谱仪测定，外标法定量。

3.3.2.2　样品前处理

称籽样10g，加50mL石油醚—丙酮（4∶1，体积比）浸泡，抽滤，收集滤液，加2％无水硫酸钠溶液，收集醚层，浓缩。采用柱层析净化，层析柱为15cm×1.5cm玻璃柱，上下两端加2cm厚无水硫酸钠，中间加弗罗里硅土，用20mL石油醚预淋，加入浓缩液，用200mL石油醚—乙酸乙酯（95∶5，体积比）淋洗，收集淋洗液，浓缩，定容后待测。

3.3.2.3　仪器条件

（1）仪器：Varian CP-3800气相色谱仪，配电子俘获检测器。

（2）色谱柱：J&W DB-1色谱柱（50 m×0.32mm×0.25μm）。

（3）色谱柱温度：240℃。

（4）进样口温度：260℃。

（5）检测器温度：300℃。

3.3.2.4　方法技术指标

棉籽样品的平均添加回收率为82.7％。

参考文献

［1］Laskowski D A. Physical and chemical properties of pyrethroids［J］. Reviews of Environment Contamination and Toxicology，2002（174）：49-170.

［2］王明泰，牟峻，刘志研，等.纺织品中多种拟除虫菊酯残留量测定方法［J］.纺织标准与质量，2006（4）：47-50.

［3］范志先，赵文英，贾淑敏，等.反相高效液相色谱法测定纺织品上的氯菊酯［J］.青岛科技大学学报，2009，30（4）：310-313.

［4］田树盛.纺织品中氯菊酯的气相色谱分析［J］.农药，1993，32（4）：28-29.

［5］郭明，闫志顺，王瑞清，等.氯氟氰菊酯在棉花和土壤中的残留动态研究［J］.农业环境科学学报，2003，22（1）：116-119.

［6］I.Mukherjee, M.Gopal, Kusum. Evaluation of residues of beta-cyfluthrin on cotton［J］. Bull Environ Contam Toxicol，2002，69（1）:54-58.

［7］刘宏伟.水果蔬菜中17种有机氯和拟除虫菊酯类农药残留检测方法研究，中国计量，2013（3）：85-86.

4 棉花中烟碱类农药残留检测技术

4.1 概述

烟碱类化合物（Neonicotinoid）是一类高选择性、安全、高效的新型杀虫剂。新烟碱类杀虫剂最大特点是对目前多种抗性害虫显示出优异的防效，且持效期长和对哺乳动物有较低的毒性。目前绝大多数烟碱类农药都是经过化学合成生产出来的生物类或仿生物类药剂。该类药剂一般表现为中性。

第一代新烟碱类杀虫剂是由Soloway等人合成并于1978年报道的一种具有杀虫活性的硝基亚甲基杂环化合物，活性最高的是四氢–1，3–噻嗪。由于2–硝基亚甲基基团遇光不稳定，硝虫噻嗪没有市场化，不能服务于农业。20世纪80年代由拜耳公司合成了第二代新烟碱类杀虫剂，它是以第一代新烟碱类化合物为先导结构，通过引入含氮原子的芳杂环甲基基团作为2–硝基亚甲基–咪唑烷五六环系统的Ⅳ取代基合成出一系列氯代烟碱类化合物。

4.1.1 化合物的分子结构及理化性质

表4–1所示为7种烟碱类农药的理化性质、CAS、分子式及结构式。

4.1.2 国内外对棉花及棉籽中烟碱类农药残留检测的技术概况

目前棉花和棉籽中植物烟碱类农药残留测定方法主要有气相色谱法[1]、高效液相色谱法[2-4]和液相色谱—质谱法[5-6]。

表4–1　7种烟碱类农药的理化性质、CAS、分子式、相对分子质量及结构式

化合物	理化性质	CAS	分子式	相对分子质量	结构式
呋虫胺（Dinotefuran）	为白色晶体，蒸汽压小于1.7×10^{-6}Pa（30℃），密度$1.33g/cm^3$（25℃）。水中溶解度为40g/L，难溶于环己烷、二甲苯等有机溶剂	165252–70–0	$C_7H_{14}N_4O_3$	202.21	

化合物	理化性质	CAS	分子式	相对分子质量	结构式
噻虫嗪 （Thiamethoxam）	为白色结晶粉末，溶于水，水溶液在低温条件下易析出结晶，当温度升高时结晶又会溶解，不降低使用效果	153719-23-4	$C_8H_{10}ClN_5O_3S$	291.71	
噻虫胺 （Clothianidin）	为结晶固体粉末，无嗅，溶解度：水0.327g/L，丙酮15.2g/L，甲醇6.26g/L，乙酸乙酯2.03g/L，二氯甲烷1.32g/L，二甲苯0.0128g/L（测定温度：水25℃，有机溶剂20℃）	210880-92-5	$C_6H_8ClN_5O_2S$	249.7	
吡虫啉 （Imidacloprid）	为无色晶体，有微弱气味，溶解度：水0.51g/L，二氯甲烷50～100g/L，异丙醇1～2g/L，甲苯0.5～1g/L，正己烷<0.1g/L（20℃）	138261-41-3	$C_9H_{10}ClN_5O_2$	255.7	
啶虫脒 （Acetamiprid）	为白色晶体，25℃时在水中的溶解度为4200mg/L，能溶于丙酮、甲醇、乙醇、二氯甲烷、氯仿、乙腈、四氢呋喃等	160430-64-8	$C_{10}H_{11}ClN_4$	222.68	
噻虫啉 （Thiacloprid）	为淡黄色结晶粉末，密度为1.46g/cm³（20℃），20℃时在水中的溶解度为185mg/L	111988-49-9	$C_{10}H_9ClN_4S$	252.72	
烯啶虫胺 （Nitenpyram）	为浅黄色结晶体，溶解度（20℃）：水（pH=7）840g/L、氯仿700g/L、丙酮290g/L、二甲苯4.5g/L	150824-47-8	$C_{11}H_{15}N_4O_2Cl$	270.72	

刘新刚等[1]采用气相色谱—电子俘获检测器（GC—ECD）法测定了棉花中啶虫脒的残留量。样品用甲醇提取，二氯甲烷三次萃取，经弗罗里硅土柱净化，供气相色谱检测，外标法定量。方法的检出限为0.005mg/kg，回收率在87.3%～95.2%之间，相对标准偏差在2.42%～13.9%之间。

Chander Mohan等[2-3]采用高效液相色谱法（HPLC）测定了棉籽饼中吡虫啉、啶虫脒和噻虫啉三种烟碱类农药残留。样品用乙腈—水（80∶20，体积比）提取，经过氟罗里硅土小柱净化，然后用HPLC进行测定。方法对棉籽饼中吡虫啉、啶虫脒和噻虫啉的定量检测低限分别为5ng/g、10ng/g和20ng/g，平均回收率为79.5%～97.0%。

Duan Tingting等[4]采用超高效液相色谱—亲水色谱柱测定了棉花中吡蚜酮的残留量。样品在弱碱条件下采用分散固相萃取法进行前处理，然后用HPLC进行测定。方法对棉籽中的检出限小于0.05mg/kg，回收率为76.4%～93.7%，相对标准偏差小于9.8%。

蔡敏等[5]采用液相色谱—质谱（LC—MS）法测定了棉花中啶虫脒的残留量。样品用乙腈提取，经氨基柱净化，供超高效液相色谱—质谱/质谱联用仪测定，外标法定量。方法的检出限为0.01mg/kg，回收率为75.6%～98.6%，相对标准偏差小于7.57%。

路彩红等[6]采用超高效液相色谱—串联质谱法测定烯啶虫胺在棉花中的残留。棉籽样品经乙腈提取，用Florisil粉末和无水硫酸镁净化，离心后，取上清液过膜，供超高液相色谱—串联质谱检测，外标法定量。方法的检出限为0.006mg/kg，回收率为79.4%～94.2%。

4.2　棉花中烟碱类农药残留的自主研究检测技术

4.2.1　方法提要

将样品用乙腈提取，液相色谱串联质谱测定和确证，同位素内标法或外标法定量。

4.2.2　试剂材料

乙腈为色谱纯；无水Na_2SO_4为分析纯；呋虫胺、烯啶虫胺、噻虫嗪、噻虫胺、吡虫啉、啶虫咪、噻虫啉和吡虫啉-D_4标准物质（纯度≥97.5%，Dr Ehrenstorfer Gmbh公司）；储备液用乙腈配制，贮存在0～4℃的冰箱中。根据需要用乙腈—0.15%甲酸溶液（3∶7，体积比）稀释至适当浓度的标准工作液。实验用水为Milli-Q高纯水。

4.2.3 试样制备

取10g以上有代表性的试样，剪碎至2mm×2mm以下，混匀。

4.2.4 样品前处理

称取1g棉花样品（精确到0.01g）置于50mL塑料离心管中，加入0.4mL吡虫啉-D_4（100ng/mL）和25mL乙腈，超声20min，以3500r/min离心3min，取上清液转移至浓缩瓶中，加入10mL乙腈，超声5min，重复上次操作，合并乙腈提取液，再加入10mL乙腈，重复上次操作，合并乙腈提取液，在45°C以下水浴减压浓缩至近干，加4mL乙腈—0.15%甲酸溶液（3：7，体积比）的混合溶液溶解，过0.22μm滤膜，滤液供LC—MS/MS测定。

4.2.5 仪器设备

API 4000液相色谱—串联质谱仪：配有电喷雾离子源和大气压化学源（美国AB公司），色谱柱：ZORBAX Eclipse XDB-C_8，150mm × 4.6mm×5μm，可控温超声波（美国Branson公司，Bran son 8510），分析天平（精度为0.1mg和1mg，瑞士梅特勒，AB204-S/A），R210型旋转蒸发仪（瑞士BUCHI公司），TDL-40B离心机（上海安亭公司），0.22μm聚四氟乙烯疏水性过滤头。

4.2.5.1 高效液相色谱条件

色谱柱：ZORBAX Eclipse XDB-C_8，150mm × 4.6mm × 5μm；流速：0.4mL/min；进样量：20mL；流动相：乙腈（A）和0.15%甲酸溶液（B），梯度洗脱程序0min时25% A，0 ~ 3min线性增加至80% A，3 ~ 5min保持80% A，5 ~ 8min降至25% A，之后进行系统平衡至15min。

4.2.5.2 质谱条件

电喷雾正离子扫描；检测方式：多反应监测；电喷雾电压：4800V；雾化气压力（GS1）：0.289MPa；气帘气压力（CUR）：0.172MPa；辅助气流速（GS2）：0.31MPa；离子源温度（TEM）：540℃；碰撞气（CAD）：5；其他条件见表4-2。

表4-2 烟碱类农药标准品信息和优化质谱条件

标准物质	CAS	监测离子	去簇电压（V）	碰撞能量（eV）	保留时间（min）
烯啶虫胺	120738-89-8	271.1/224.1*	50	22	5.1
		271.1/125.9		39	
呋虫胺	165252-70-0	203.2/129.0*	55	18	5.5
		203.2/113.2		16	

标准物质	CAS	监测离子	去簇电压（V）	碰撞能量（eV）	保留时间（min）
噻虫嗪	153719-23-4	292.1/211.0*	61	19	7.7
		292.1/181.0		33	
噻虫胺	210880-92-5	250.1/169.0*	61	19	8.0
		250.1/131.9		25	
吡虫啉	138261-41-3	256.0/209.3*	62	22	8.2
		256.0/175.2		22	
啶虫脒	135410-20-7	223.1/126.1*	68	31	8.3
		223.1/56.0		37	
噻虫啉	111988-49-9	253.1/126.1*	75	34	8.7
		253.1/90.2		56	

*定量离子（Quantinfication ion）。

4.2.6 方法的线性关系

用空白样品制备样品空白提取液，作为标准溶液的稀释溶液，混合标准溶液浓度分别为0、1μg/L、2.5μg/L、5μg/L、12.5μg/L。在本法所确定的实验条件下进样，测定其峰面积，以质量浓度X（μg/kg）为横坐标，峰面积或峰面积比值Y为纵坐标，7种烟碱类农药残留物浓度与对应的峰面积比值呈现良好的线性关系，各化合物的曲线回归方程、相关系数见表4-3，相关系数均大于0.99。

表4-3 烟碱类农药标准品信息和优化质谱条件

化合物	监测离子	回归方程	相关系数
烯啶虫胺	271.1/224.1*	$Y=3.32 \times 10^3 X-639$	0.9981
	271.1/125.9	$Y=1.52 \times 10^3 X+1.38 \times 10^3$	0.9992
呋虫胺	203.2/129.0*	$Y=9.84 \times 10^3 X+7.98 \times 10^3$	0.9998
	203.2/113.2	$Y=5.84 \times 10^3 X-577$	0.9995
噻虫嗪	292.1/211.0*	$Y=5.88 \times 10^3 X-711$	0.9986
	292.1/181.0	$Y=1.92 \times 10^3 X-549$	0.9976
噻虫胺	250.1/169.0*	$Y=5.43 \times 10^3 X-3.41 \times 10^3$	0.9957
	250.1/131.9	$Y=2.85 \times 10^3 X-1.52 \times 10^3$	0.9979
吡虫啉	256.0/209.3*	$Y=0.059X+0.0283$	0.9999
	256.0/175.2	$Y=0.0526X+0.022$	0.9988

化合物	监测离子	回归方程	相关系数
啶虫脒	223.1/126.1*	$Y=1.74 \times 10^4 X-1.6 \times 10^4$	0.9985
	223.1/56.0	$Y=2.79 \times 10^3 X-3.5 \times 10^3$	0.9985
噻虫啉	253.1/126.1*	$Y=1.6 \times 10^4 X-1.83 \times 10^4$	0.9994
	253.1/90.2	$Y=2.8 \times 10^3 X-3.19 \times 10^3$	0.9989

4.2.7 方法回收率及室内、室间精密度

本方法吡虫啉采用内标法定量，其余6个烟碱类农药采用外标法定量，通过对阴性样品添加烟碱类农药来考察方法的定量限（S/N=10）。在线性范围内选择LOQ、2LOQ和4LOQ进行3个浓度添加回收实验，每个添加浓度水平取6个平行样，结果见表4-4，7种烟碱类农药平均回收率均大于75.9%，相对标准偏差小于15.8%，方法的重现性满足国内外法规的要求。

表4-4 棉花中7种烟碱类农药的添加回收及精密度

化合物	添加浓度（μg/kg）	检测结果（μg/kg）						平均回收率（%）	相对标准偏差（%）
		1	2	3	4	5	6		
烯啶虫胺	10	70.2	91.1	79.6	88.6	93.5	83.9	84.5	10.2
	20	74.2	103	99.7	104	92.3	88.6	93.6	12.1
	40	101	82.1	97.1	83.60	89.9	104	93.0	9.8
呋虫胺	10	80.2	80.4	87.6	93.6	78.5	82.6	83.8	6.8
	20	78.6	73.4	72.0	75.1	70.2	86.3	75.9	7.7
	40	71.3	72.2	75.5	86.0	76.1	89.6	78.5	9.6
噻虫嗪	10	81.2	107	80.1	82.2	103	72.6	87.7	15.8
	20	110	76.3	109	89.5	102	80.7	94.6	15.3
	40	103	81.5	109	91.0	87.2	79.8	91.9	12.8
噻虫胺	10	74.7	96.7	110	80.6	81.6	104	91.3	15.7
	20	103	77.3	101	96.3	90.2	96.6	94.1	9.9
	40	79.3	101	103	85.2	88.6	76.2	88.9	12.5
吡虫啉	10	91.4	93.2	106	103	101	88.4	97.2	7.3
	20	104	106	106	96.3	97.1	80.9	98.4	9.7
	40	105	105	106	95.1	90.2	84.1	97.6	9.4

化合物	添加浓度（μg/kg）	检测结果（μg/kg）						平均回收率（%）	相对标准偏差（%）
		1	2	3	4	5	6		
啶虫脒	10	100	108	78.6	88.3	90.3	86.3	91.9	11.4
	20	103	103	81.5	94.5	97.2	79.2	93.1	11.2
	40	107	103	103	101	88.9	93.2	99.4	6.9
噻虫啉	10	82.1	109	78.3	88.6	90.1	93.2	90.2	11.9
	20	104	74.6	103	89.9	73.6	87.6	88.8	14.8
	40	73.5	108	78.8	97.6	90.3	89.3	89.6	13.9

4.2.8　方法的测定低限（LOQ）

方法的测定低限均为10μg/kg。

4.2.9　色谱图

烟碱类农药混合标准溶液、空白样品及添加回收样品的多反应监测色谱图见图4-1。

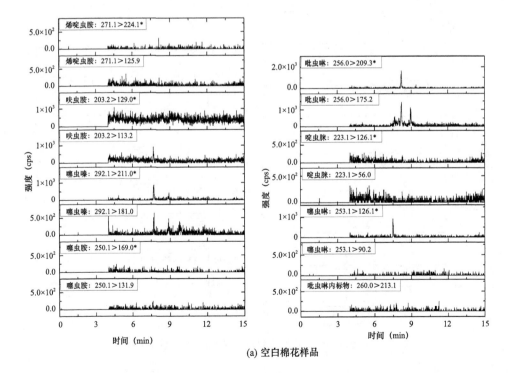

(a) 空白棉花样品

图4-1

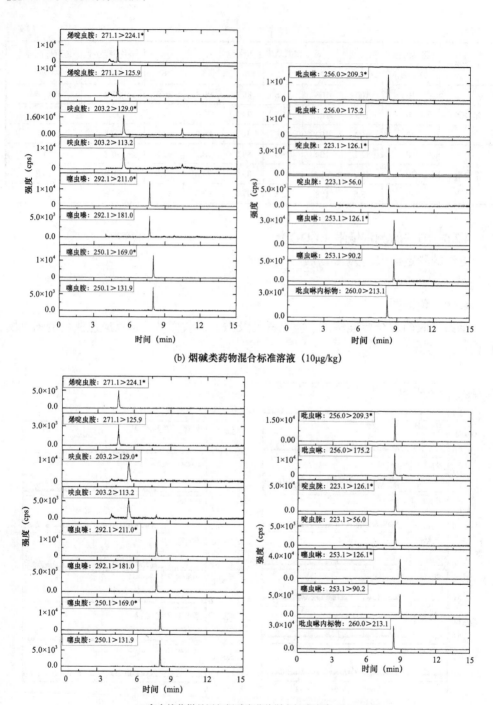

(b) 烟碱类药物混合标准溶液（10μg/kg）

(c) 空白棉花样品添加烟碱类药物混合标准溶液（10μg/kg）

图4-1　不同条件下各化合物MRM色谱图

4.2.10　方法的关键控制点

4.2.10.1　样品提取剂的选择

烟碱类农药属于极性物质[7-8]，易溶于甲醇、乙腈和乙酸乙酯等。根据烟碱类农药的特性，本实验以甲醇、乙腈、乙酸乙酯为溶剂进行了提取剂的优化，空白样品溶液添加混合农药标准溶液，再分别加入上述待优化提取溶剂进行提取实验。实验结果表明，用甲醇提取样品，呋虫胺回收率43.5%，乙酸乙酯提取样品，烯啶虫胺回收率55.9%，乙腈提取样品，烟碱类农药的回收率大于70.2%，因此本文选用乙腈为提取剂。

4.2.10.2　流动相的选择

在高效液相色谱分析中流动相的选择对待测物质的峰形、分离度和灵敏度有很大影响。文献[7-8]中提到的分离吡虫啉的流动相一般呈酸性，可提高药物在电喷雾正离子（ESI$^+$）模式下的电离效率，促使分子离子加H峰生成。本实验在文献的基础上，选择2.5μg/L烟碱类混合标准溶液进样，对比的流动相分别为甲醇—0.15%甲酸溶液、乙腈—0.15%甲酸溶液，流动相采用相同梯度程序。从液相色谱—串联质谱的色谱图4-2显示，乙腈—0.15%甲酸溶液为流动相时，各组分保留时间在5～9min之间；采用甲醇—0.15%甲酸溶液为流动相时，各组分保留时间为7～10min之间。相同浓度条件下烯啶虫胺、呋虫胺和噻虫嗪的响应值以甲醇—0.15%甲酸溶液为流动相较以乙腈—0.15%甲酸溶液为流动相时低，因此本文选择乙腈—0.15%甲酸溶液作为流动相。

4.2.10.3　定容溶剂的选择

不仅流动相对待测物质的峰形、分离度和灵敏度存在影响，定容溶剂也存在影响，一般定容溶剂与流动相的组成和起始比例一致。本文对定容溶剂进行了优化，选择甲醇—水（3：7，体积比）、甲醇—0.15%甲酸溶液（3：7，体积比）、乙腈—水（3：7，体积比）、乙腈—0.15%甲酸溶液（3：7，体积比），分别用上述定容溶剂稀释烟碱混合标准溶液。液相色谱—串联质谱的色谱图显示图4-3，采用乙腈—水（3：7，体积比）为样品稀释溶剂时，呋虫胺峰形宽劈叉；其余三种定容溶剂为样品稀释溶液时，烟碱类农药峰形对称，乙腈—0.15%甲酸溶液（3：7，体积比）为样品稀释溶剂时，烟碱类农药灵敏度最高，因此选择乙腈—0.15%甲酸溶液（3：7，体积比）作为样品稀释溶剂。

4.2.10.4　提取方法的选择和提取时间的确定

此处用乙腈对自制的7种烟碱类阳性棉花样品进行提取效率实验。空白棉花样品喷洒7种烟碱类农药，并放置过夜，加入乙腈提取，相同条件下比较超声波提取和振荡器提取效果，提取时间均为20min，7种烟碱类农药添加回收测试结果均大

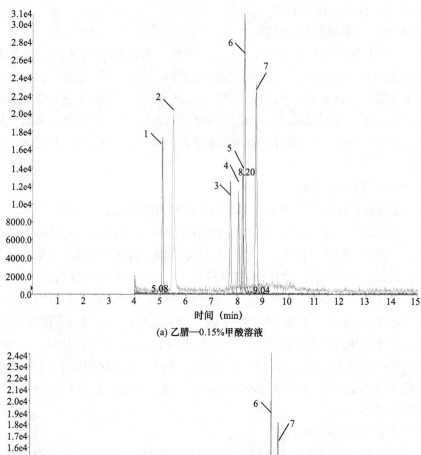

(a) 乙腈—0.15%甲酸溶液

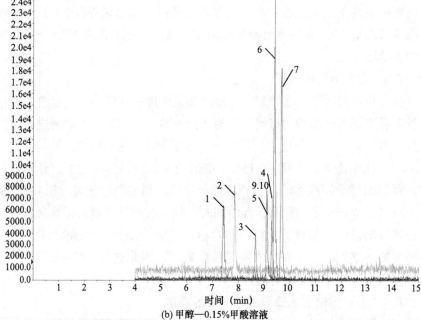

(b) 甲醇—0.15%甲酸溶液

图4-2　烟碱混合标准品溶液在不同色谱条件下的总离子流图

1—烯啶虫胺　2—呋虫胺　3—噻虫嗪　4—噻虫胺　5—吡虫啉　6—啶虫脒　7—噻虫啉

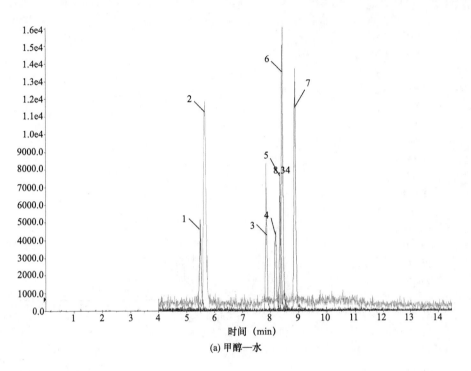

(a) 甲醇—水

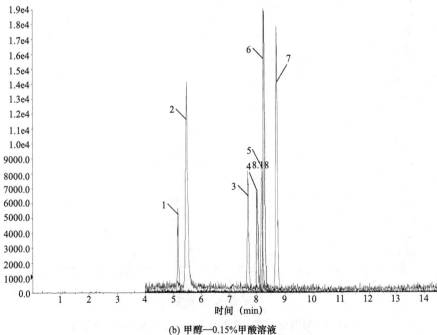

(b) 甲醇—0.15%甲酸溶液

图4-3

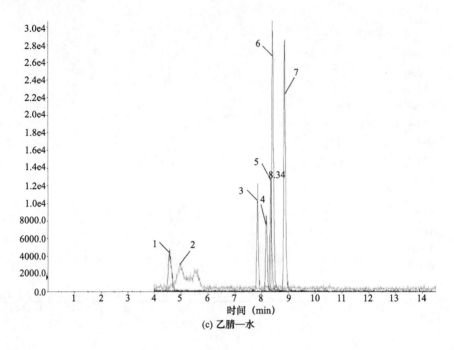

(c) 乙腈—水

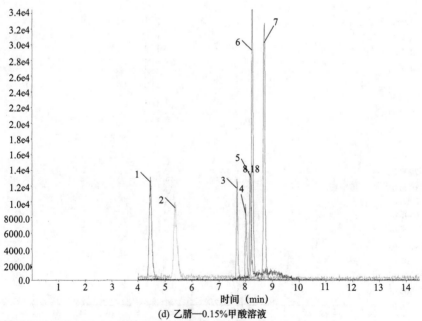

(d) 乙腈—0.15%甲酸溶液

图4-3 烟碱混合标准品溶液在不同定容溶剂中的总离子流图

1—烯啶虫胺 2—呋虫胺 3—噻虫嗪 4—噻虫胺 5—吡虫啉 6—啶虫脒 7—噻虫啉

于70%，未见显著性差异，因此本文选择超声提取。

用乙腈对自制的7种烟碱类阳性棉花样品超声波提取的时间进行实验，比较10min、20min、30min超声提取效果，7种烟碱类农药添加回收测试结果均大于70%，未见显著性差异，故超声提取定为首次超声20min，第二次和第三次分别超声5min提取。

4.2.10.5　样品基质效应的消除

液相色谱串联质谱法测定药物残留时，有时基质对离子对具有增强或抑制效应。吡虫啉采用内标法定量，其余烟碱类农药采用外标法定量，样品的提取过程能保证对不同烟碱类农药稳定的提取效率，但却不能消除基质效应的影响，棉花样品对7种烟碱类农药离子化的抑制情况见表4-5，因此采用样品空白提取液作为标准溶液的稀释溶液，可使标准和样品溶液具有同样的离子化条件，从而克服样品基质效应，消除操作过程中的系统误差，更好地保证测定结果的准确性。

表4-5　棉花对7种烟碱类农药离子化的抑制情况

化合物	监测离子	抑制率（%）
烯啶虫胺	271.1/224.1*	-30.0
	271.1/125.9	-29.6
呋虫胺	203.2/129.0*	-4.6
	203.2/113.2	-3.8
噻虫嗪	292.1/211.0*	17.2
	292.1/181.0	14.0
噻虫胺	250.1/169.0*	18.1
	250.1/131.9	13.0
吡虫啉	256.0/209.3*	20.4
	256.0/175.2*	13.1
啶虫脒	223.1/126.1*	9.2
	223.1/56.0	-2.6
噻虫啉	253.1/126.1*	38.3
	253.1/90.2	35.9

注　抑制率（supression ratio）$= \dfrac{\text{样品基质中标准物的离子强度} - \text{溶剂中标准物的离子强度}}{\text{溶剂中标准物的离子强度}} \times 100\%$。

4.3 其他文献发表有关棉花中烟碱类农药
残留量的检测范例

4.3.1 不同剂型啶虫脒在棉花和土壤中的残留及降解研究[1]

4.3.1.1 方法提要

棉叶用甲醇提取，二氯甲烷萃取，经弗罗里硅土柱净化，供气相色谱检测，外标法定量。

4.3.1.2 样品前处理

棉叶剪碎处理，称取棉叶（棉籽同棉叶）10g于250mL锥形瓶中，加入60mL甲醇，粉碎3min，浸泡过夜。次日在振荡器上振荡40min，减压抽滤，用40mL甲醇分2次洗渣，合并滤液到500mL的分液漏斗中。加入15％NaCl水溶液150mL和石油醚100mL，充分振摇，静止分层，下层甲醇水分别用二氯甲烷萃取3次，二氯甲烷相过无水硫酸钠（5g）和弗罗里硅土（1g）后合并，减压浓缩近干。取少量丙酮—石油醚（1：4，体积比）分3次冲洗旋转蒸发瓶，转移残留物到小烧杯中待净化。

在玻璃层析柱中依次装入少许脱脂棉、2g无水硫酸钠、6g弗罗里硅土和2g无水硫酸钠，先用5mL石油醚预洗，再用20mL丙酮—石油醚（1：4，体积比）预洗，弃去洗液。加入样品，用120mL丙酮—石油醚（1：1，体积比）提取，收集洗液并浓缩，丙酮定容10mL，待测。

4.3.1.3 仪器条件

（1）仪器：3400型气相色谱仪，配电子俘获检测器（GC—ECD）。

（2）色谱柱：HP–5色谱柱（30 m×0.25mm×0.53μm）。

（3）进样口温度：250℃。

（4）检测器温度：300℃。

（5）载气、尾吹气：氮气，流速：1.0mL/min，尾吹流量30mL/min。

（6）进样方式：分流进样（1/30）。

（7）进样量：2μL。

（8）相对保留时间：8.5min。

4.3.1.4 方法技术指标

空白棉花分别添加0.5mg/kg、0.1mg/kg、0.05mg/kg的啶虫脒，按上述提取、净化和测定步骤，进行添加回收率试验。啶虫脒在棉籽中的平均回收率为87.3％～95.2％，相对标准偏差为2.42％～13.9％；啶虫脒在棉叶中的平均回收率为87.1％～

91.5%，相对标准偏差为2.59%～10.4%。测试结果见表4-6。

表4-6 棉花中啶虫脒的添加回收率

样品处理	添加浓度（mg/kg）	回收率（%）			平均回收率（%）	相对标准偏差 CV（%）
		1	2	3		
棉籽	0.05	85.2	100.4	76.4	87.3	13.9
	0.1	89.4	96.2	81.9	89.2	8.02
	0.5	94.1	93.0	97.4	95.2	2.42
棉叶	0.05	86.2	101.6	84.4	90.7	10.4
	0.1	89.5	94.1	90.8	91.5	2.59
	0.5	95.3	83.3	82.9	87.1	8.08

4.3.1.5　方法的测定低限

啶虫脒在棉叶和棉籽中的检出限均为0.005mg/kg。

4.3.1.6　色谱图

啶虫咪样品色谱图如图4-4所示。

4.3.2　超高效液相色谱法测定吡蚜酮在棉花和土壤中的残留[4]

4.3.2.1　方法提要

样品用乙腈提取，经氨基柱净化，供超高效液相色谱仪测定，外标法定量。

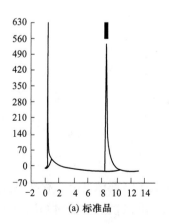
(a) 标准品

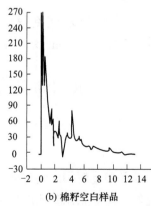
(b) 棉籽空白样品

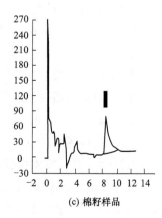
(c) 棉籽样品

图4-4

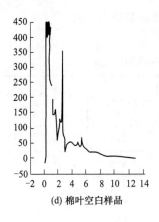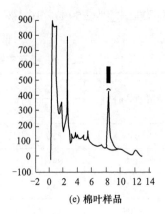

(d) 棉叶空白样品　　　　　(e) 棉叶样品

图4-4　啶虫脒样品色谱图

4.3.2.2　样品前处理

4.3.2.2.1　*样品的提取*

分别准确称取5g 匀质化的棉籽和棉叶样品，各加入10mL乙腈和3mL 0.1mol/L 的氨水，1200 r/min下振荡4min；加入4g 氯化钠，再振荡2min，静置3min 后于5 000 r/min下离心5min。

4.3.2.2.2　*样品的净化*

分别取上层清液2mL，加入到装有35mg N-丙基乙二胺（PSA）和150mg无水硫酸镁（棉叶样品中再加入10mg石墨化碳黑）的离心管中，涡旋30 s，5 000r/min下离心1min，取上清液过0.22μm 有机滤膜，待测。

4.3.2.3　仪器条件

（1）仪器：Waters ACQUITY™超高效液相色谱仪；

（2）色谱柱：BEH HILIC（2.1mm ×50mm × 1.7μm）；

（3）检测波长：290nm；

（4）流动相条件：乙腈—水（90：10，体积比）；

（5）流速：0.3mL/min；

（6）进样量：10μL。

4.3.2.4　方法技术指标

棉叶和棉籽的基质匹配标准品中吡蚜酮的响应值均低于溶剂标准品，存在基质减弱效应。为提高定量的准确性，文章采用基质匹配标准溶液校正方法对基质效应进行了补偿。

在上述仪器条件下进行测定，以峰面积（Y）对进样量（X）作图，得吡蚜酮在乙腈溶剂中的标准曲线方程为$Y=3069.1X+251.1$，$R=0.9922$，在棉籽和棉叶基质中的标准曲线方程分别为$Y=3943.0X+353.4$，$R=0.9992$和$Y=2884.6X+303.2$，$R=0.9953$。吡蚜酮在棉叶和棉籽中的最低检测浓度（LOQ）分别为0.05mg/kg和0.05mg/kg，检出限（LOD）分别为0.01mg/kg和0.02mg/kg。其平均回收率及相对标准偏差（RSD）均符合农药残留分析要求（表4-7）。

用同一标准溶液，在相同色谱条件下连续进样5次，每次间隔1h，测定峰面积，其RSD为1.3%，表明仪器具有很好的稳定性。

表4-7　吡蚜酮在棉叶和棉籽中的添加回收率

样品	添加水平（mg/kg）	平均回收率（%）	相对标准偏差RSD（%）
棉叶	0.05	76.9	7.2
	0.10	88.9	8.2
	0.50	91.0	7.3
棉籽	0.05	76.4	6.2
	0.10	83.0	9.8
	0.50	93.7	6.4

4.3.2.5　色谱图

吡蚜酮标准溶液及其在各基质中的添加回收谱图见图4-5。

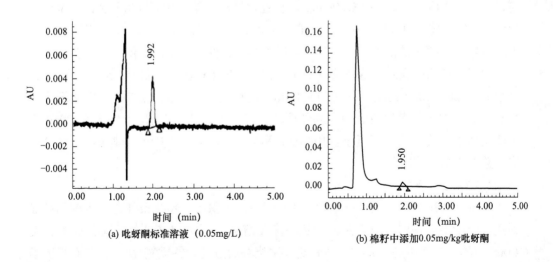

(a) 吡蚜酮标准溶液（0.05mg/L）　　　(b) 棉籽中添加0.05mg/kg吡蚜酮

图4-5

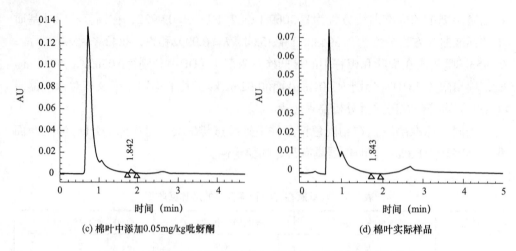

(c) 棉叶中添加0.05mg/kg吡蚜酮   (d) 棉叶实际样品

图4-5 吡蚜酮标准溶液及棉籽、棉叶样品中的添加回收谱图

4.3.3 20%啶虫脒可溶液剂在棉花和土壤中的残留及消解动态[5]

4.3.3.1 方法提要

样品用乙腈提取，经氨基柱净化，供超高效液相色谱—质谱/质谱联用仪测定，外标法定量。

4.3.3.2 样品前处理

4.3.3.2.1 *样品的提取*

棉叶：准确称取25g（精确至0.01g）试样于250mL具塞锥形瓶中，加入100mL乙腈，高速匀浆1min，超声提取20min。经快速定性滤纸滤入盛有7g氯化钠的具塞比色管中，剧烈振荡，静置后，移取上清液10.0mL于100mL旋转蒸发瓶中，旋转蒸发至近干。用4.0mL甲醇—二氯甲烷（1∶9，体积比）溶解残渣，盖上铝箔，待净化。

棉籽：准确称取5g（精确至0.01g）试样于250mL具塞锥形瓶中，加入10mL水，浸泡3h，加入50mL乙腈，高速匀浆1min，超声提取20min。经快速定性滤纸滤入盛有7g氯化钠的具塞比色管中，剧烈振荡，静置后，移取上清液5.0mL于100mL旋转蒸发瓶中，旋转蒸发至近干。用4.0mL甲醇—二氯甲烷（1∶9，体积比）溶解残渣，盖上铝箔，待净化。

4.3.3.2.2 *净化*

将氨基柱用4.0mL甲醇—二氯甲烷（1∶9，体积比）预洗条件化，当溶剂液面到达柱吸附层表面时，立即加入上述待净化溶液，用15mL离心管收集洗脱液，用4.0mL甲醇—二氯甲烷（1∶9，体积比）洗烧杯后过柱，并重复1次。将离心管置于氮吹仪上，水浴温度50℃，氮吹蒸发至近干，用甲醇准确定容至5.0mL。在混合器上混匀后，用0.2μm滤膜过滤，待测。

4.3.3.3　仪器条件

（1）仪器：Waters Xevo TQ超高效液相色谱—质谱/质谱联用仪。

（2）色谱柱：BEH C 1.7μm×2.1mm×50mm。

（3）流动相条件：乙腈—水（0.02%甲酸）（19:81，体积比）。

（4）流速：0.3mL/min。

（5）柱温：40℃。

（6）进样量：1μL。

（7）离子源：电喷雾离子源（ESI）。

（8）检测方式：多反应离子检测方式（MRM）。

（9）毛细管电压：3.5kV。

（10）离子源温度:150℃。

（11）定量离子对：223→126，锥孔电压：25 V，碰撞能量：21 eV。

（12）定性离子对：223→99，锥孔电压：25 V，碰撞能量：41 eV。

4.3.3.4　结果讨论分析

称取一定量的啶虫脒标准样品，用乙腈溶解，并逐级稀释成5μg/L、10μg/L、50μg/L、100μg/L、500μg/L、1000μg/L质量浓度的标准溶液，每个质量浓度测定3次取平均数，以峰面积为纵坐标、质量浓度为横坐标绘制线性关系曲线图。回归方程为$Y=410627X+9750.3$，线性相关系数 $r^2=0.995$。表明啶虫脒质量浓度（X）与色谱峰面积（Y）呈良好的线性关系。本方法仪器条件下，最小检出量0.005 ng。最低检测质量分数：棉叶0.01mg/kg，棉籽0.01mg/kg。

在未施过啶虫脒的棉叶和棉籽的对照样本中分别添加了0.01和0.02mg/kg两个不同质量分数的啶虫脒标准溶液，摇匀，放置2 h后依样品提取、净化方法进行处理及测定。结果表明啶虫脒在棉叶和棉籽中的回收率在75.64%～98.56%之间，相对标准偏差为2.92%～7.57%。均符合残留量的测定要求。

参考文献

［1］刘新刚，董丰收，王淼，等.不同剂型啶虫脒在棉花和土壤中的残留及降解研究［J］.农业环境科学学报，2007，26（5）：1772-1775.

［2］Chander Mohan，Yogesh Kumar，Jyotsana Madan，et al. Simultaneous evaluation of neonicotinoids in cotton seed cake using reverse phase high-performance liquid chromatography［J］. Journal of the Science of Food and Agriculture. 2009, 89（7）:1250-1252.

［3］Chander Mohan, Yogesh Kumar, Jyotsana Madan, et al. Multiresidue analysis of neonicotinoids by solid-phase extraction technique using high-performance liquid chromatography［J］. Environmental Monitoring and Assessment. 2010, 165（1-4）:573-576.

［4］Ting-ting Duan, Yong-quan Zheng. Determination of pymetrozine residues in cotton and soil by ultra-performance liquid chromatography. Chinese Journal of Pesticide Science. 2011, 13（5）: 547-550.

［5］蔡敏, 钟红舰, 董小海, 等. 20%啶虫脒可溶液剂在棉花和土壤中的残留及消解动态［J］. 农药, 2012, 51（7）: 517-522.

［6］路彩红, 刘新刚, 董丰收, 等. 烯啶虫胺在棉花和土壤中的残留及消解动态［J］. 环境化学, 2010, 29（4）: 614-618.

［7］汤富彬, 刘光明, 罗逢健, 等. 茶叶中吡虫啉残留量的HPLC测定方法［J］. 农药, 2004, 43（12）: 561-562.

［8］谢文, 丁慧瑛, 蒋晓英, 等. 液相色谱—串联质谱检测蔬菜和茶叶中吡虫啉的残留量［J］. 色谱, 2006, 24（6）: 633-635.

5 棉花中苯氧羧酸类农药残留检测技术

5.1 概述

苯氧羧酸类农药（Phenoxy carboxylic acid pesticide）是世界用量最大的阔叶杂草除剂，常用于棉花等农作物防止或去除双子叶杂草。苯氧羧酸类除草剂依据其活性成分本体化合物的区别，可分为两种，一种是以邻甲酚为本体，如：2-甲基-4-氯苯氧丙酸（MCPP）、2-甲基-4-氯苯氧丁酸（MCPB）、2-甲基-4-氯苯氧乙酸（MCPA）。另一种是以2，4-二氯酚为本体，如：2，4-二氯苯氧丁酸（2，4-滴B）、2，4-二氯苯氧丙酸（2，4-滴P）、2，4-二氯苯氧乙酸（2，4-滴A）。

这类除草剂属于激素类除草剂，它的除草机理是：在低浓度下，植物吸收后，能促进植物生长，在生产上常被作为植物生长调节剂使用；在高浓度下，植物体内的生长素的浓度将高于正常值，打破了植物体内的激素平衡，从而影响了植物的正常代谢，导致敏感杂草的一系列生理生化变化，如组织异常和损伤，抑制植物生长发育。

苯氧羧酸类除草剂对人类的危害主要表现为引起人类软组织恶性肿瘤，而对动物体会产生胎盘毒性。经该除草剂处理过的植物体内会累积高浓度的硝酸盐或氰化物。

5.1.1 化合物的分子结构及理化性质

9种苯氧羧酸类农药的中英文名称、分子式、结构式和理化性质等信息如表5-1所示。

表5-1 9种苯氧羧酸类农药的中英文通用名、分子式、结构式、理化性质等信息

化合物	理化性质	CAS	分子式	相对分子质量	结构式
对氯苯氧乙酸（4-CPA）	为白色结晶，性质稳定。微溶于水，易溶于醇、酯等有机溶剂	122-88-3	$C_8H_7ClO_3$	186.5	

化合物	理化性质	CAS	分子式	相对分子质量	结构式
2-甲基-4-氯苯氧乙酸（MCPA）	为白色片状结晶，溶于有机溶剂，在水中溶解度为825mg/kg	94-74-6	$C_9H_9ClO_3$	200.62	
2-甲基-4-氯苯氧丁酸（MCPB）	为无色晶体，室温时在水中的溶解度为44mg/L，易溶于乙醇、丙酮等有机溶剂	94-81-5	$C_{11}H_{13}ClO_3$	228.7	
2-甲基-4-氯苯氧丙酸（MCPP）	为无色晶体，水中溶解度为620mg/L，溶于丙酮、氯仿、乙醇等大多数有机溶剂	93-65-2	$C_{10}H_{11}ClO_3$	214.65	
2，4-二氯苯氧乙酸（2，4-D）	为白色结晶，在水中溶解度很小，易溶于醇和碱液，化学性质稳定	94-75-7	$C_8H_6Cl_2O_3$	221.04	
2，4-滴丙酸（2，4-DP）	为无色无味结晶，在室温下无挥发性。20℃时在水中的溶解度为350mg/L，易溶于大多数有机溶剂	120-36-5	$C_9H_8Cl_2O_3$	235.07	
2，4-滴丁酸（2，4-DB）	为白色结晶，25℃时在水中溶解度为46mg/L，溶于丙酮、苯、乙醇和乙醚中	94-82-6	$C_{10}H_{10}Cl_2O_3$	249.10	

化合物	理化性质	CAS	分子式	相对分子质量	结构式
2，4，5-三氯苯氧乙酸（2，4，5-T）	外观白至黄色晶体，25℃时在水中的溶解度为278mg/kg，可溶于丙酮、乙醇和乙醚	93-76-5	$C_8H_5Cl_3O_3$	255.49	
2，4，5-涕丙酸（2，4，5-TP）	为无色结晶粉末，熔点179~181℃，微溶于水，溶于甲醇、丙酮	93-72-1	$C_9H_7Cl_3O_3$	269.51	

5.1.2 国内外对纺织品中苯氧羧酸类农药残留检测的技术概况

国内主要是报道了一些纺织品中苯氧羧酸类农药残留量测定方法。目前检测苯氧羧酸类农药残留量通常采用气相色谱—质谱方法（GC—MS）[1-2]和高效液相色谱—电喷雾串联质谱（LC—ESI—MS/MS）[3-4]。

王明泰等[1]采用GC—MS法测定纺织品中6种苯氧羧酸类农药残留量。采用酸性丙酮水溶液提取试样，提取液经二氯甲烷液—液分配提取后，再用甲醇—三氟化硼乙醚溶液甲酯化，经正己烷提取，用配有质量选择检测器的气相色谱仪（GC—MSD）测定。方法的回收率在75%~117%之间，相对标准偏差小于9.98%，方法的检出限小于0.25mg/kg。

黄玉英等[2]采用GC—MS法进行了纺织品中2，4-滴和2，4，5-涕两种苯氧羧酸类农药残留的测定。纺织品试样用酸性丙酮水溶液提取，提取液经二氯甲烷液—液分配提取后，再用甲醇—三氟化硼乙醚溶液甲酯化，经正己烷提取，用配有质量选择检测器的气相色谱仪（GC—MSD）测定，外标法定量，采用选择离子检测进行阳性确证。该方法回收率在88.8%~97.3%之间，相对标准偏差小于8.91%，检出限可以达到0.2mg/kg。

牛增元等[3-4]建立了纺织品中7种苯氧羧酸类除草剂的高效液相色谱—电喷雾串联质谱（LC—ESI—MS/MS）快速检测方法。试样经酸性丙酮溶液超声波提取，提取液浓缩定容，低温沉淀杂质后，用液相色谱—串联质谱（LC—MS/MS）测定和确证，外标法定量。方法的检出限小于2.5mg/kg，回收率在85%~106%之间，相对标准偏差小于11%。

5.2 棉花中苯氧羧酸类农药残留的自主研究检测技术

5.2.1 适用范围

本方法适用于棉花中4-CPA、MCPA、MCPP、2，4-D、MCPB、2，4-DP、2，4-DB、2，4，5-T、2，4，5-TP的测定。

5.2.2 方法提要

试样经乙腈提取，浓缩定容后，液相色谱—质谱/质谱法测定，外标法定量。

5.2.3 试剂材料

乙腈、甲醇均为色谱纯（美国TEDIA公司）。

4-CPA、MCPA、MCPP、2，4-D、MCPB、2，4-DP、2，4-DB、2，4，5-T、2，4，5-TP标准品信息见表5-2。储备液用甲醇配制，0~4℃保存。根据需要用甲醇稀释至适当浓度的标准工作液。

表5-2 标准品信息

中文名	英文名	CAS	浓度（%）	供货商
4-氯苯氧乙酸	4-CPA	122-88-3	99	Dr.Ehrenstorfer Gmbh
2-甲基-4-氯苯氧乙酸	MCPA	94-74-6	99.5	Dr.Ehrenstorfer Gmbh
2-甲基-4-氯苯氧丙酸	MCPP	93-65-2	99.5	Dr.Ehrenstorfer Gmbh
2，4-滴	2，4-D	94-75-7	98	Dr.Ehrenstorfer Gmbh
2-甲基-4-氯苯氧丁酸	MCPB	94-81-5	99	Dr.Ehrenstorfer Gmbh
2，4-滴丙酸	2，4-DP	120-36-5	99.5	Dr.Ehrenstorfer Gmbh
2，4-滴丁酸	2，4-DB	94-82-6	98.5	Dr.Ehrenstorfer Gmbh
2，4，5-涕	2，4，5-T	93-76-5	97.5	Dr.Ehrenstorfer Gmbh
2，4，5-涕丙酸	2，4，5-TP	93-72-1	97.7	Dr.Ehrenstorfer Gmbh

5.2.4 试样制备

取10g以上有代表性的试样，剪碎至2mm×2mm以下，混匀。

5.2.5 样品前处理

准确称取1.0g均匀试样（精确至0.01g），置入50mL塑料离心管中，加入约20mL乙腈，振摇30min后，收集提取液，再加20mL乙腈，涡旋，合并乙腈提取液，在45℃以下水浴减压浓缩至近干，加1.0mL甲醇定容，过滤膜，供液相色谱—质谱/质谱仪测定。

5.2.6 仪器条件

（1）Thermo TSQ Quantum ULTRA液相色谱—串联质谱仪，配有电喷雾离子源。

（2）电子天平：感量0.1mg、0.01g。

（3）色谱柱：Agilent Eclipse C_{18}色谱柱（150mm×4.6mm×5μm）。

（4）流动相：0.1%甲酸+甲醇，梯度洗脱程序见表5-3。

表5-3　梯度洗脱程序

时间（min）	0.1%甲酸（%）	甲醇（%）
0.00	70	30
2.00	70	30
8.00	5	95
15.00	5	95
16.00	70	30
20.00	70	30

（5）流速：0.4mL/min。

（6）进样量：10μL。

（7）扫描方式：负离子模式扫描。

（8）检测方式：多反应监测。

（9）电喷雾电压：3000V。

（10）离子化温度：300℃。

（11）毛细管温度：300℃。

（12）鞘气、辅助气均为高纯氮气，鞘气压力为50Arb，辅助气压力为20Arb，碰撞气为氩气，碰撞气压力为0.2Pa。

（13）监测离子对、碰撞能量等参数见表5-4。

表5-4 苯氧羧酸类农药监测离子对和碰撞能量

化合物	监测离子对，m/z	碰撞能量，V
4-CPA	185.0/127.0*	18
	187.0/129.0	17
MCPA	199.0/141.0*	18
	201.0/143.0	18
MCPP	213.0/141.0*	18
	215.0/143.0	18
2，4-D	219.0/160.9*	17
	220.9/162.9	17
MCPB	227.1/141.0*	18
	229.0/143.0	17
2，4-DP	233.0/160.9*	17
	235.0/162.9	17
2，4-DB	247.0/160.9*	15
	249.0/162.9	14
2，4，5-T	252.9/194.9*	16
	254.9/196.9	17
2，4，5-TP	266.9/194.9*	17
	268.9/196.9	17

*定量离子对

5.2.7 线性关系

采用甲醇配制苯氧羧酸类农药混合标准溶液，浓度为0.01μg/mL、0.02μg/mL、0.05μg/mL、0.10μg/mL和0.20μg/mL，对5点系列浓度混合标准溶液进行测定，以峰面积对质量浓度作图，得到9种苯氧羧酸类农药的标准工作曲线。结果显示，在所测定的质量浓度范围内标准工作曲线具有良好的线性，相关系数均大于0.99。

5.2.8　方法回收率和精密度

在不含上述9种苯氧羧酸类农药的棉花样品中添加三个浓度水平混合标准溶液，添加浓度为0.01mg/kg、0.02mg/kg和0.10mg/kg，每个添加水平平行测定6次，结果见表5-5。由表5-5可知，9种苯氧羧酸类农药在三个浓度水平的平均回收率范围为72.7% ~ 97.2%，相对标准偏差为3.3% ~ 13.4%。

表5-5　棉花中苯氧羧酸类农药检测的回收率及精密度

化合物	平均回收率（%）			相对标准偏差（%）		
	0.01mg/kg	0.02mg/kg	0.10mg/kg	0.01mg/kg	0.02mg/kg	0.10mg/kg
4-CPA	90.4	89.2	91.4	4.8	5.4	8.2
MCPA	84.0	97.2	90.9	13.4	3.3	3.6
MCPP	73.9	93.3	91.0	9.1	5.0	5.4
2，4-D	80.7	93.7	95.2	12.2	5.6	5.6
MCPB	78.7	91.5	95.1	9.5	4.1	7.6
2，4-DP	81.0	92.8	91.6	8.8	4.2	5.0
2，4-DB	77.3	86.9	93.9	11.3	5.5	6.0
2，4，5-T	87.8	96.4	91.4	5.9	5.9	5.0
2，4，5-TP	72.7	92.6	92.9	10.6	7.3	4.6

5.2.9　方法的测定低限（LOQ）

本方法对于棉花中9种苯氧羧酸类农药的定量限均为0.01mg/kg。

5.2.10　色谱图

9种苯氧羧酸类农药混合标准溶液、空白样品、空白样品添加回收多反应监测色谱图（MRM）见图5-1 ~ 图5-3。

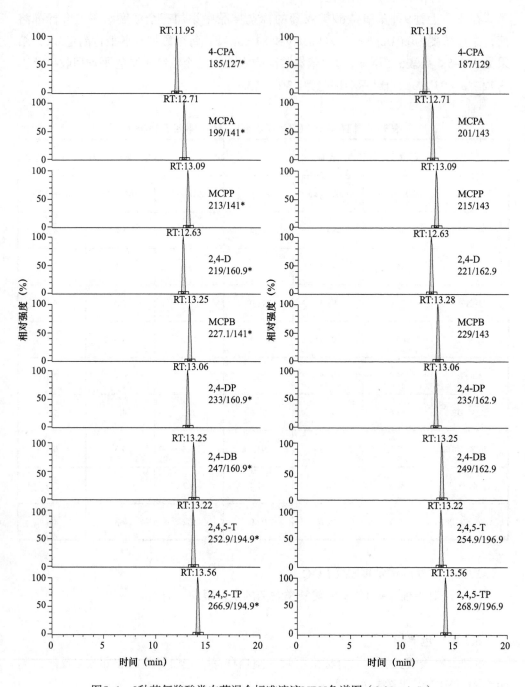

图5-1　9种苯氧羧酸类农药混合标准溶液MRM色谱图（0.01μg/mL）

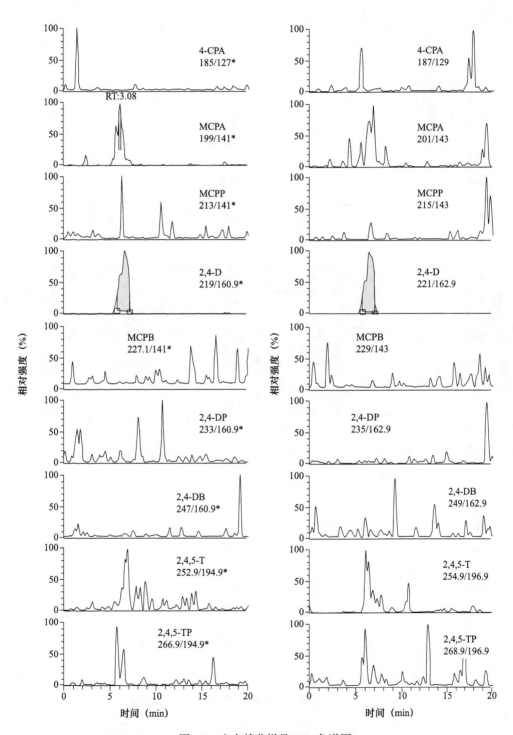

图5-2 空白棉花样品MRM色谱图

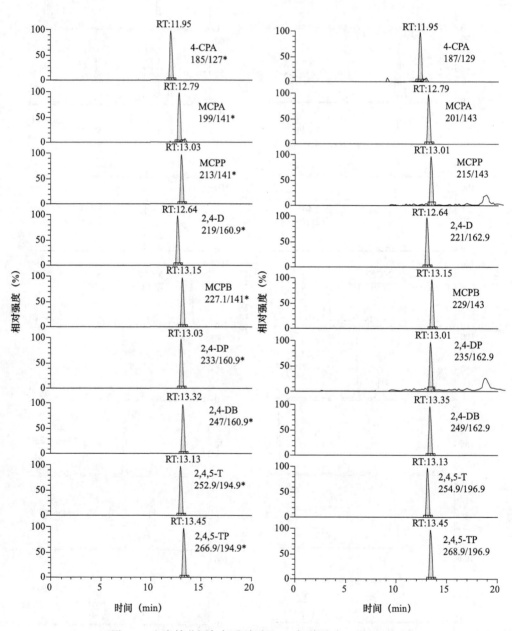

图5-3　空白棉花添加标准溶液MRM色谱图（0.01mg/kg）

5.3 其他文献发表有关棉花中苯氧羧酸类农药残留量的检测范例

5.3.1 SN/T 2461—2010

5.3.1.1 方法提要

试样经酸性丙酮溶液超声波提取，提取液浓缩定容，低温沉淀杂质后，用液相色谱—串联质谱（LC—MS/MS）测定和确证，外标法定量。

5.3.1.2 样品前处理

取代表性样品，将其剪碎至5mm×5mm以下，混匀。称取2.0g（精确至0.01g）试样，置于100mL具塞锥形瓶中，加入30mL丙酮，加入100μL甲酸，于超声波发生器中提取15min。将提取液过滤，收集于浓缩瓶中。残渣再用20mL丙酮超声提取10min，合并滤液。滤液在40℃水浴旋转蒸发浓缩至近干（氮气吹干），用甲醇溶解并定容至2.0mL，在4℃放置1h，过0.45μm滤膜后，供液相色谱—串联质谱测定和确证。

5.3.1.3 仪器条件

（1）色谱条件。

①色谱柱：HYPURITY-C_{18}柱，100mm×2.1mm×5μm，或相当者。

②流动相：甲醇和5mmol/L乙酸铵溶液，梯度洗脱参数见表5-6。

表5-6　流动相梯度表

时间（min）	5mmol/L乙酸铵溶液（%）	甲醇（%）
0	90	10
5	5	95
15	5	95
15.1	90	10
25	90	10

③流速：0.2mL/min。

④进样量：10μL。

⑤柱温：30℃。

（2）质谱条件。

①离子源：电喷雾离子源（ESI）。

②电离方式：负离子模式。

③扫描模式：选择反应监测（SRM）。

④喷雾电压：3.5kV。

⑤鞘气、辅助气：高纯氮气，使用前调节各气体流量以使质谱灵敏度达到检测要求。

⑥碰撞气：高纯氩气，压力为0.2Pa（1.5 mTorr）。

⑦离子传输毛细管温度：350℃。

⑧SRM采集参数：参见表5-7。

表5-7　7种苯氧羧酸类农药LC—MS/MS的优化参数和定量及定性离子表

农药名称	保留时间（min）	母离子[M-H]，*m/z*	子离子，*m/z*	碰撞能量，V
2，4-二氯苯氧乙酸（2，4-D）	5.78	218.9	161.0[a]	18
		220.9	162.8	18
2-甲基-4-氯苯氧乙酸（MCPA）	5.79	198.9	141.1	18
		200.9	143.0	18
2-甲基-4-氯苯氧丙酸（Mecoprop）	6.07	212.9	141.1[a]	18
		214.9	143.0	18
2，4-二氯苯氧丙酸（Dichlorprop）	6.12	232.9	161.0[a]	18
		234.9	162.9	18
2，4，5-三氯苯氧乙酸（2，4，5-T）	6.29	252.9	194.8[a]	18
		254.9	196.9	18
2，4-二氯苯氧丁酸（2，4-DB）	6.51	227.0	141.1[a]	14
2-甲基-4-率苯氧丁酸（MCPB）	6.50	229.0	143.0	14

[a] 表示定量子离子

5.3.1.4　方法技术指标

本方法对纺织品中7种苯氧羧酸类农药的测定低限为2.5μg/kg。

本方法对纯棉布、棉麻布、涤棉布等纺织品中7种苯氧羧酸类农药的平均回收率为85%～106%，相对标准偏差为2%～11%，参见表5-8～表5-10。

表5-8 纯棉布基质的回收实验结果

农药名称	添加水平（μg/kg）	平均值（μg/kg）	平均回收率（%）	相对标准偏差（%）
2，4-D	5.0	4.97	99.4	7.2
	25.0	23.46	93.8	4.8
	100.0	94.14	94.1	4.9
MCPA	5.0	5.02	100.3	5.0
	25.0	23.98	95.9	4.8
	100.0	96.47	96.5	3.9
Mecoprop	5.0	4.58	91.6	7.2
	25.0	24.12	96.5	3.6
	100.0	94.88	94.9	4.4
Dichlorprop	5.0	4.83	96.6	4.9
	25.0	24.67	98.7	4.6
	100.0	98.94	98.9	6.5
2，4，5-T	5.0	4.40	87.9	8.6
	25.0	24.11	96.4	6.6
	100.0	93.22	93.2	6.8
2，4-DB	5.0	4.48	89.5	9.4
	25.0	23.09	92.4	8.3
	100.0	97.57	97.6	5.3
MCPB	5.0	4.85	97.0	8.4
	25.0	25.66	102.7	3.4
	100.0	102.10	102.1	5.5

表5-9 棉/麻布（65%棉，35%麻）基质的回收实验结果

农药名称	添加水平（μg/kg）	平均值（μg/kg）	平均回收率（%）	相对标准偏差（%）
2，4-D	5.0	4.93	98.6	6.8
	25.0	23.28	93.1	3.4
	100.0	98.65	98.6	2.7

农药名称	添加水平（μg/kg）	平均值（μg/kg）	平均回收率（%）	相对标准偏差（%）
MCPA	5.0	4.84	96.9	1.8
	25.0	23.91	95.6	1.9
	100.0	101.25	101.2	4.0
Mecoprop	5.0	4.55	91.1	4.8
	25.0	23.06	92.3	2.9
	100.0	100.03	100.0	2.9
Dichlorprop	5.0	4.74	94.9	3.5
	25.0	22.99	91.9	2.1
	100.0	95.79	95.8	2.0
2，4，5-T	5.0	4.36	87.3	5.3
	25.0	22.74	91.0	2.8
	100.0	97.63	97.6	3.1
2，4-DB	5.0	4.67	93.4	9.5
	25.0	23.33	93.3	8.7
	100.0	98.01	98.0	5.0
MCPB	5.0	4.53	90.6	5.5
	25.0	24.01	96.0	3.0
	100.0	103.28	103.3	2.7

表5-10 涤/棉布（35%棉，65%涤）基质的回收实验结果

农药名称	添加水平（μg/kg）	平均值（μg/kg）	平均回收率（%）	相对标准偏差（%）
2，4-D	5.0	4.50	89.9	2.9
	25.0	25.73	102.9	7.8
	100.0	96.07	96.1	2.4
MCPA	5.0	4.92	98.3	4.3
	25.0	26.06	104.2	7.4
	100.0	96.04	96.0	3.2

农药名称	添加水平（μg/kg）	平均值（μg/kg）	平均回收率（%）	相对标准偏差（%）
Mecoprop	5.0	4.49	89.7	4.0
	25.0	26.44	105.8	4.8
	100.0	93.97	94.0	1.9
Dichlorprop	5.0	4.54	90.8	2.6
	25.0	26.26	105.1	6.1
	100.0	94.68	94.7	3.1
2，4，5-T	5.0	4.26	85.2	10.6
	25.0	25.88	103.5	6.2
	100.0	88.34	88.3	1.9
2，4-DB	5.0	4.59	91.7	6.9
	25.0	23.34	93.4	5.6
	100.0	105.32	105.3	7.5
MCPB	5.0	5.24	104.8	4.4
	25.0	23.89	95.6	5.5
	100.0	100.34	100.3	2.9

5.3.1.5 色谱图

7种苯氧羧酸类农药标准品液相色谱—串联质谱SRM色谱图见图5-4。

5.3.2 GB/T 18412.6—2006

5.3.2.1 方法提要

用酸性丙酮水溶液提取试样，提取液经二氯甲烷液—液分配提取后，再用甲醇—三氟化硼乙醚溶液甲酯化，经正己烷提取，用气相色谱—质谱（GC—MS）测定和确证，外标法定量。

5.3.2.2 样品前处理

取代表性样品，将其剪碎至5mm×5mm以下，混匀。称取2.0g（精确至0.01g）试样，置于100mL具塞锥形瓶中，依次加入10mL硫酸溶液和50mL丙酮，于超声波发生器中提取5min，合并滤液，于40℃水浴旋转蒸发器浓缩以除去丙酮。将残留溶液移入125mL分液漏斗中，加入10mL硫酸溶液和10mL饱和氯化钠溶液，依次用

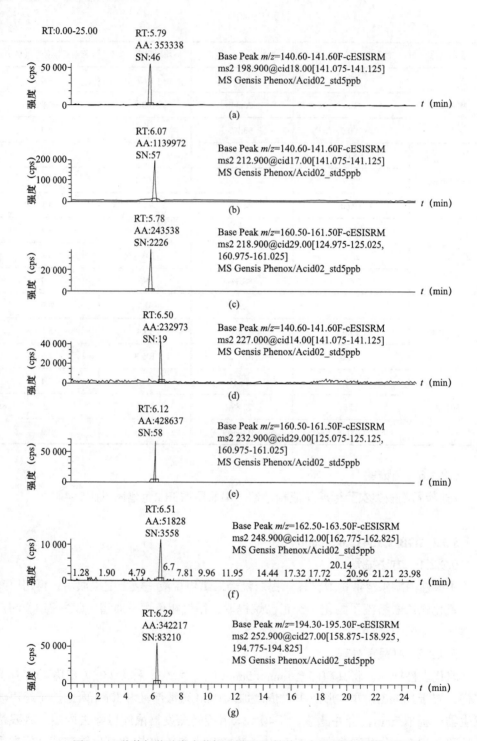

图5-4 7种苯氧羧酸类农药标准品液相色谱—串联质谱SRM色谱图

30mL二氯甲烷萃取两次，合并有机相，经无水硫酸钠柱脱水后，收集于100mL浓缩瓶中，于40℃水浴旋转蒸发器浓缩至近干。

5.3.2.3 仪器条件

（1）仪器：气相色谱—质谱仪（GC—MS）。

（2）色谱柱：DB-1701 MS色谱柱（30m×0.25mm×0.1μm）。

（3）色谱柱温度：50℃（2min）$\xrightarrow{30℃/min}$ 200℃（1min）$\xrightarrow{6℃/min}$ 260℃（5min）。

（4）进样口温度：270℃。

（5）色谱—质谱接口温度：280℃。

（6）载气：氦气，纯度≥99.999%，流速：1.2mL/min。

（7）电离方式：EI。

（8）电离能量：70eV。

（9）进样方式：无分流进样，1.5min后开阀。

（10）进样量：1μL。

5.3.2.4 方法技术指标

本方法对纺织品中6种苯氧羧酸类农药残留量的测定低限参见表5-11，回收率为80%～110%。

表5-11　苯氧羧酸类甲酯定量和定性选择离子和测定低限

农药名称	保留时间（min）	特征碎片离子（amu）			测定低限（μg/g）
		定量	定性	丰度比	
2-甲-4-氯丙酸甲酯	7.87	228	169、142、107	88：100：80：42	0.02
2-甲-4-氯乙酸甲酯	7.99	214	155、141、125	89：63：100：42	0.25
2，4-D丙酸甲酯	8.26	248	189、162、133	36：48：100：13	0.1
2，4-滴甲酯	8.39	234	199、175、161	66：100：58：26	0.05
2-甲-4-氯丁酸甲酯	9.39	242	211、155、142	65：71：24：100	0.10
2，4，5-涕甲酯	9.47	268	233、209、181	48：100：39：24	0.05

5.3.2.5 色谱图

苯氧羧酸类农药标准溶液色谱图见图5-5。

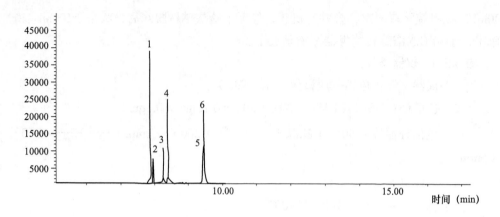

图5-5 苯氧羧酸类甲酯标准物的气相色谱—质谱图（GC—MS）

1—2-甲-4-氯丙酸甲酯　2—2-甲-4-氯乙酸甲酯　3—2，4-D丙酸甲酯
4—2，4-滴甲酯　5—2-甲-4-氯丁酸甲酯　6—2，4，5-涕甲酯

5.3.3　纺织品中2，4-滴和2，4，5-涕残留量的测定[2]

5.3.3.1　方法提要

纺织品试样用酸性丙酮水溶液提取，提取液经二氯甲烷液—液分配提取后，再用甲醇—三氟化硼乙醚溶液甲酯化，经正己烷提取，用配有质量选择检测器的气相色谱仪（GC—MS）测定，外标法定量。

5.3.3.2　样品前处理

（1）提取：取10g代表性样品，将其剪碎至5mm×5mm以下，混匀。称取2.0g（精确至0.01g）试样2份（供平行试验用），置于100mL具塞锥形瓶中，依次加入10mL硫酸溶液和50mL丙酮，于超声波水浴中提取10min。将提取液过滤于250mL梨形瓶中，残渣再用10mL硫酸溶液和50mL丙酮超声提取5min。合并滤液，于40℃水浴旋转蒸发器浓缩以除去丙酮。将残留溶液移入125mL分液漏斗中，加入10mL硫酸溶液和10mL饱和氯化钠溶液，依次用30mL二氯甲烷萃取两次，合并有机相，经无水硫酸钠脱水后，收集于100mL梨形瓶中，于40℃水浴旋转蒸发器浓缩至近干。

（2）甲酯化：加入3mL三氟化硼乙醚—甲醇混合溶液，于涡旋混合器充分溶解后，将其移入10mL离心管中，加塞，于70℃水浴酯化1h，冷却至室温。加入5mL硫酸钠溶液，再准确加入5.0mL正己烷，于涡旋混合器混合1min，再以4000r/min离心3min，正己烷相供气相色谱—质谱测定和确证。

5.3.3.3　仪器条件

（1）气相色谱—质谱仪：GCMS-QP5000。

（2）色谱柱：DB-5MS石英毛细管柱或相当者，30m×0.25mm（内径）

×0.1mm（膜厚）。

（3）色谱柱温度：50℃（2min）$\xrightarrow{30℃/min}$ 200℃（1min）$\xrightarrow{6℃/min}$ 240℃（1min）。

（4）进样口温度：270℃。

（5）色谱—质谱接口温度：260℃。

（6）载气：氦气，纯度≥99.99%，流速：1.5mL/min。

（7）电离方式：EI。

（8）电离能量：70eV。

（9）进样量：1μL。

（10）选择监测离子（m/z）：2，4-滴甲酯在4.00～9.50min，监测离子201，234，236 amu；2，4，5-涕甲酯在9.50～15.66min，监测离子233，235，268 amu。

5.3.3.4　方法技术指标

在GC—MS法所确定的试验条件下，2，4-滴甲酯和2，4，5-涕甲酯标准物进样量在0.08～0.8ng范围内与响应值有良好的线性关系，2，4-滴甲酯相关系数$R=0.9990$（$n=6$）；2，4，5-涕甲酯相关因数$R=0.9992$（$n=5$）。

采用添加法，即对不含2，4-滴和2，4，5-涕的10种织物，添加分别为0.20mg/g、0.50mg/g、2.00mg/g水平的样品进行回收测定，每个水平单独测定10次，从而测其回收率和精密度。结果显示，平均回收率为91.2%～97.3%，相对标准偏差为3.19%～6.74%（表5-12）。

表5-12　回收率和精密度试验结果（$n=10$）

样品种类	添加水平（mg/kg）	2，4-滴			2，4，5-涕		
		$X\pm S$（mg/kg）	CV（%）	回收率（%）	$X\pm S$（mg/kg）	CV（%）	回收率（%）
毛贴衬织物（GB/T 7564）	0.200	0.1860±0.0071	3.82	93.0	0.1848±0.0068	3.70	92.4
	0.500	0.4602±0.0196	4.26	92.0	0.4592±0.0197	4.30	91.8
	2.00	1.7940±0.0561	3.42	89.7	1.7872±0.0551	3.08	89.4
毛贴衬织物（GB/T 7565）	0.200	0.1842±0.0074	4.02	92.2	0.1830±0.0070	3.85	91.5
	0.500	0.4631±0.0218	4.38	92.7	0.4619±0.0221	4.79	92.4
	2.00	1.8394±0.0920	5.00	91.9	1.8380±0.0921	5.01	91.9

样品种类	添加水平（mg/kg）	2，4-滴			2，4，5-涕		
		$X \pm S$（mg/kg）	CV（%）	回收率（%）	$X \pm S$（mg/kg）	CV（%）	回收率（%）
丝贴衬织物（GB/T 7568）	0.200	0.01820 ± 0.0083	4.56	91.0	0.1809 ± 0.0080	4.45	90.5
	0.500	0.4681 ± 0.0229	4.89	93.6	0.4669 ± 0.0227	4.87	93.4
	2.00	1.8467 ± 0.0821	4.45	92.3	1.8452 ± 0.0816	4.42	92.3
苎麻贴衬织物（GB/T 13765）	0.200	0.1853 ± 0.0087	4.70	92.7	0.1854 ± 0.009	5.36	92.7
	0.500	0.4580 ± 0.0271	5.92	91.6	90.4561 ± 0.025	5.63	91.2
	2.00	1.8438 ± 0.0732	3.97	92.2	71.8467 ± 0.0714	3.87	92.3
毛涤（50/50 黑色）	0.200	0.1826 ± 0.0088	4.82	91.3	0.1817 ± 0.0089	4.92	90.9
	0.500	0.4547 ± 0.0243	5.34	90.9	0.4544 ± 0.0237	5.22	90.9
毛/涤（50/50 黑色）	2.00	1.8210 ± 0.0439	2.41	91.1	1.8198 ± 0.0439	2.41	91.0
毛/黏（50/50 白色）	0.200	0.1827 ± 0.0088	4.82	91.4	0.1838 ± 0.0097	5.28	91.9
	0.500	0.4524 ± 0.0223	4.93	90.1	0.4517 ± 0.0212	4.70	90.3
	2.00	1.8478 ± 0.1008	5.46	92.4	1.8470 ± 0.1025	5.55	92.4
涤/棉（65/35 迷彩）	0.200	0.1815 ± 0.0085	4.68	90.8	0.1817 ± 0.0097	5.35	90.9
	0.500	0.4626 ± 0.0270	5.84	92.5	0.4613 ± 0.0275	5.95	92.3
	2.00	1.8582 ± 0.0765	8.91	92.9	1.8574 ± 0.0773	4.16	92.9
棉/锦（50/50 迷彩）	0.200	0.1850 ± 0.0075	4.11	92.5	0.1843 ± 0.0099	5.40	92.2
	0.500	0.4451 ± 0.0154	3.46	89.0	0.4442 ± 0.0147	3.31	88.8
	2.00	1.8327 ± 0.0909	4.96	91.6	1.8296 ± 0.0918	5.02	91.5
麻/棉（50/50 白色）	0.200	0.1840 ± 0.0090	4.89	92.0	0.1848 ± 0.0100	5.40	92.4
	0.500	0.4464 ± 0.0210	4.70	89.3	0.4470 ± 0.0205	4.60	89.4
	2.00	1.8070 ± 0.0709	3.92	90.4	1.8067 ± 0.0712	3.94	90.3
丝/毛（50/50 白色）	0.200	0.1837 ± 0.0093	5.06	91.9	0.1840 ± 0.0113	6.15	92.0
	0.500	0.4525 ± 0.0215	4.75	90.5	0.4515 ± 0.0224	4.96	90.3
	2.00	1.8444 ± 0.1023	5.55	92.2	1.8366 ± 0.0923	5.03	91.8

注 X为平均值，S为不确定度，CV为相对标准偏差。

5.3.3.5 色谱图

2，4-滴甲酯和2，4，5-涕甲酯标准物的选择离子色谱图见图5-6和选择离子质谱图见图5-7。

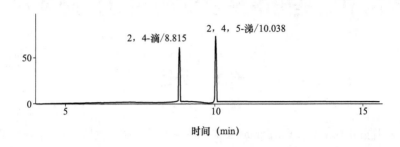

图5-6 2，4-滴甲酯和2，4，5-涕甲酯标准物的选择离子色谱图

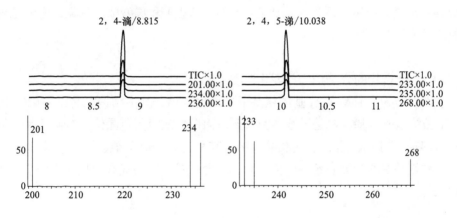

图5-7 2，4-滴甲酯和2，4，5-涕甲酯标准物的选择离子质谱图

参考文献

［1］王明泰，牟峻，刘志研，等. 气相色谱—质谱法测定纺织品中6种苯氧羧酸类农药残留量［J］. 纺织标准与质量，2007（2）：29-33.

［2］黄玉英，牟峻，王明泰，等. 纺织品中2，4-滴和2，4，5-涕残留量的测定［J］. 印染，2005（17）：38-40.

［3］牛增元，罗忻，汤志旭，等. 高效液相色谱—电喷雾串联质谱法快速测定纺织品中苯氧羧酸类除草剂残留量［J］. 分析化学研究报告，2009，37（4）：505-510.

6 棉花中氨基甲酸酯类农药残留检测技术

6.1 概述

氨基甲酸酯类农药（Carbamates pesticide）是一类新型的杀虫剂和杀菌剂，由于其具有低毒、杀虫效力强、作用迅速、低残留等特点，所以得到广泛的应用。

氨基甲酸酯杀虫剂的毒理机制与有机磷农药相似，通常是抑制昆虫乙酰胆碱酶（Ache）和羧酸酯酶的活性，造成乙酰胆碱（Ach）和羧酸酯的积累，影响昆虫正常的神经传导而致死。

6.1.1 化合物的分子结构及理化性质

该类农药为含有N–取代基的氨基甲酸酯化合物，基本结构式为$R_1NHCOOR_2$，R_1和R_2为烷基或芳基。氨基甲酸酯类农药多为白色或淡黄色晶体，难溶于水，易溶于有机溶剂，对光、热、空气及酸性物质较稳定，遇碱失效。低毒、高效、低残留。12种氨基甲酸酯类农药的中英文名称、分子式、结构式和理化性质等信息如表6–1所示。

6.1.2 国内对棉花及纺织品中氨基甲酸酯类农药残留检测的技术概况

目前纺织品和棉籽中氨基甲酸酯类农药残留测定方法主要有高效液相色谱法[1-2]和气相色谱法[3]。

黄玉英等[1]采用高效液相色谱法（HPLC）测定纺织品中甲萘威残留量。纺织品试样经甲醇超声波提取，样液浓缩定容后用高效液相色谱仪测定，外标法定量。该方法的测定低限为0.10mg/kg，平均回收率在85.8%～94.2%之间，相对标准偏差小于7.51%。

李治祥等[2]采用配有NPD检测器的气相色谱法（GC—NPD）测定棉籽中的硫双威残留量。试样经乙酸乙酯振荡提取，加水除去乙酸乙酯，石油醚液—液萃取净化，水解，空气吹干，丙酮定容，进行GC—NPD检测。该方法的最低检测浓度为0.015mg/kg，回收率为87.7%～99.3%，相对标准偏差小于3.58%。

贺兰等[3]采用配有NPD检测器的气相色谱法（GC—NPD）测定棉籽中灭多威残留量。试样经乙酸乙酯振荡提取，布氏漏斗减压抽滤，石油醚萃取净化，二氯甲

表6-1 12种氨基甲酸酯类农药的中英文通用名、分子式、结构式、理化性质等信息

化合物	理化性质	CAS	分子式	相对分子质量	结构式
丁硫克百威（Carbosulfan）	为淡黄色油状液体，沸点为124~128℃，水中溶解度为0.3mg/L（25℃），能与多种有机溶剂混溶	55285-14-8	$C_{20}H_{32}N_2O_3S$	380.55	
甲硫威（Mercaptodimethur）	无色结晶，带酚味，水中溶解度27mg/L（20℃），有机溶剂中溶解度：二氯甲烷>200g/L，异丙醇50~100g/L，甲苯200g/L，己烷1~2g/L（约在20℃）	2032-65-7	$C_{11}H_{15}NO_2S$	225.31	
乙霉威（Diethofencarb）	原药为乳白色晶体，溶解性（20℃）：水26.6mg/L，己烷1.3g/kg，甲醇101g/kg，二甲苯30g/kg	87130-20-9	$C_{14}H_{21}NO_4$	267.32	
恶虫威（Bendiocarb）	纯品为白色固体，无味，溶解度：在水中0.26g/L，在二甲苯中1.6g/100mL，在乙醇中3~5g/100mL，在丙酮中20~30g/100mL	22781-23-3	$C_{11}H_{13}NO_4$	223.23	

续表

化合物	理化性质	CAS	分子式	相对分子质量	结构式
霜霉威 (Propamocarb)	纯品为无色、无味并且极易吸湿的结晶固体，溶解性（25℃）：水867g/L，甲醇>500g/L，二氯甲烷>430g/L，乙酸乙酯23g/L，甲苯、己烷<0.1g/L	24579-73-5	$C_9H_{20}N_2O_2$	188.27	
克百威 (Carbofuran)	纯品为白色结晶，无臭味，水中的溶解度多于多种有机溶剂，但溶解度不高，难溶于二甲苯、石油醚和煤油	1563-66-2	$C_{12}H_{15}NO_3$	221.25	
抗蚜威 (Pirimicarb)	产品为白色固体，能溶于醇、酮、芳烃、氯化烃等多种有机溶剂：甲醇23g/100mL，乙醇25g/100mL，丙酮40g/100mL；难溶于水（0.27g/100mL）	23103-98-2	$C_{11}H_{18}N_4O_2$	238.29	
异丙威 (Isoprocarb)	纯品是白色晶体。易溶于丙酮（400g/L），二甲基甲酰胺，二甲基亚砜，环己烷，可溶于甲醇（125g/L），乙醇、异丙醇，难溶于芳烃（二甲苯代烃和水<50g/L），不溶于卤代烃和水	2631-40-5	$C_{11}H_{15}NO_2$	193.2	

续表

化合物	理化性质	CAS	分子式	相对分子质量	结构式
涕灭威（Aldicarb）	原药为有硫黄味的白色结晶，30℃时水中溶解度为9g/L，可溶于丙酮、苯、四氯化碳等大多数有机溶剂	116-06-3	$C_7H_{14}N_2O_2S$	190.26	
仲丁威（Fenobucarb）	纯品为白色结晶体，不溶于水，易溶于丙酮、甲醇、苯等有机溶剂	3766-81-2	$C_7H_{10}N_2O_2S$	207.27	
甲萘威（Carbaryl）	无色至浅褐色晶体，在水中溶解度极小，在多数有机溶剂中溶解度不大，化学性质稳定，但遇碱易分解	63-25-2	$C_{12}H_{11}NO_2$	201.22	
灭多威（Methomyl）	白色固体，在水中的溶解度为58g/L，可溶于丙酮、乙醇、甲醇、异丙醇。剂型为可湿性粉剂	16752-77-5	$C_5H_{10}N_2O_2S$	162.23	

烷反萃取，浓缩定容，进行GC—NPD检测。该方法的最小检测浓度为0.02mg/kg，平均回收率在91.0%~95.3%之间，相对标准偏差小于5.47%。

6.2　棉花中氨基甲酸酯类农药残留的自主研究检测技术

6.2.1　适用范围

本方法适用于棉花中灭多威、霜霉威、异丙威、甲萘威、仲丁威、残杀威、涕灭威、克百威、恶虫威、甲硫威、抗蚜威、乙霉威、丁硫克百威的测定。

6.2.2　方法提要

样品用乙腈提取，液相色谱—质谱/质谱仪测定，外标法定量。

6.2.3　试剂材料

乙腈、甲醇均为色谱纯（美国TEDIA公司）。

灭多威、霜霉威、异丙威、甲萘威、仲丁威、残杀威、涕灭威、克百威、恶虫威、甲硫威、抗蚜威、乙霉威、丁硫克百威标准品信息见表6-2。储备液用甲醇配制，0~4℃保存。根据需要用甲醇稀释至适当浓度的标准工作液。

表6-2　标准品信息

化合物	英文名称	CAS	纯度/浓度	供应商
灭多威	Methomyl	16752-77-5	99.5%	Dr.Ehrenstorfer Gmbh
霜霉威	Propamocarb	24579-73-5	98.5%	Dr.Ehrenstorfer Gmbh
异丙威	Isoprocarb	2631-40-5	99.0%	Dr.Ehrenstorfer Gmbh
甲萘威	Carbaryl	63-25-2	99.0%	Dr.Ehrenstorfer Gmbh
仲丁威	fenobucarb	3766-81-2	97.7%	Dr.Ehrenstorfer Gmbh
残杀威	propoxur	114-26-1	99%	Dr.Ehrenstorfer Gmbh
涕灭威	aldicarb	116-06-3	99%	上海安谱科学仪器有限公司
克百威	Carbofuran	1563-66-2	98.5%	Dr.Ehrenstorfer Gmbh
恶虫威	Benodicarb	22781-23-3	99.0%	Dr.Ehrenstorfer Gmbh

化合物	英文名称	CAS	纯度/浓度	供应商
甲硫威	Methiocarb	2032-65-7	99%	Dr.Ehrenstorfer Gmbh
抗蚜威	Pirimicarb	23103-98-2	99.3%	Dr.Ehrenstorfer Gmbh
乙霉威	Diethofencarb	87130-20-9	99%	Dr.Ehrenstorfer Gmbh
丁硫克百威	Carbosulfan	55285-14-8	98%	Dr.Ehrenstorfer Gmbh

6.2.4 试样制备

取10g以上有代表性的试样，剪碎至2mm×2mm以下，混匀。

6.2.5 样品前处理

准确称取1.0g均匀试样（精确至0.01g），置于50mL塑料离心管中，加入约20mL乙腈，振摇30min后，收集提取液，再加入20mL乙腈，涡旋，合并乙腈提取液，在45℃以下水浴减压浓缩至近干，加1.0mL甲醇定容，过滤膜，供液相色谱—质谱/质谱仪测定。

6.2.6 仪器条件

（1）Thermo TSQ Quantum ULTRA液相色谱—串联质谱仪，配有电喷雾离子源。

（2）电子天平：感量0.1mg、0.01g。

（3）旋转蒸发仪。

（4）Legend Mach 1.6R高速冷冻离心机。

6.2.7 色谱条件

（1）色谱柱：Agilent Eclipse C_{18}色谱柱（150mm×4.6mm×5μm）。

（2）流动相：0.1%甲酸+甲醇，梯度洗脱程序见表6-3。

表6-3 梯度洗脱程序

时间（min）	0.1%甲酸（%）	甲醇（%）
0.00	70	30
2.00	70	30

时间（min）	0.1%甲酸（%）	甲醇（%）
8.00	5	95
15.00	5	95
16.00	70	30
20.00	70	30

（3）流速：0.4mL/min。

（4）进样量：10μL。

6.2.8 质谱条件

（1）离子源：电喷雾离子源。

（2）扫描方式：正离子模式扫描。

（3）检测方式：多反应监测。

（4）电喷雾电压：3500V。

（5）离子化温度：300℃。

（6）毛细管温度：300℃。

（7）鞘气、辅助气均为高纯氮气，鞘气压力为50Arb，辅助气压力为20Arb，碰撞气压力：0.2Pa。

（8）监测离子对、碰撞能量等参数见表6-4。

表6-4　氨基甲酸酯类农药监测离子对和碰撞能量

化合物	监测离子对	碰撞能量
	m/z	V
灭多威	162.9/87.9*	5
	162.9/105.9	5
霜霉威	189.0/102.0*	16
	189.0/144.0	11
异丙威	193.9/95.0*	13
	193.9/137.0	5

化合物	监测离子对 m/z	碰撞能量 V
甲萘威	201.9/145.0*	6
	201.9/127.0	28
仲丁威	207.9/95.0*	14
	207.9/152.0	5
残杀威	210.9/194.0*	5
	210.9/95.0	19
涕灭威	212.9/88.9*	14
	212.9/116.0	11
克百威	221.9/122.9*	19
	221.9/165.0	6
恶虫威	223.9/167.0*	10
	223.9/124.9	24
甲硫威	225.9/123.9*	24
	225.9/180.0	11
抗蚜威	238.9/182.0*	13
	238.9/71.9	20
乙霉威	267.9/123.9*	29
	267.9/226.0	5
丁硫克百威	380.9/160.0*	12
	380.9/117.9	17

*定量离子对

6.2.9　线性关系

采用甲醇配制氨基甲酸酯类农药混合标准溶液，浓度为0.01μg/mL、0.02μg/mL、0.05μg/mL、0.10μg/mL和0.20μg/mL，对5点系列浓度混合标准溶液进行测定，以峰面积对质量浓度作图，得到13种氨基甲酸酯类农药的标准工作曲线。结果显示，在所测定的质量浓度范围内标准工作曲线具有良好的线性，相关系数均大于0.99。

6.2.10 方法回收率和精密度

在不含上述13种氨基甲酸酯类农药的棉花样品中添加三个浓度水平混合标准溶液，添加浓度为0.01mg/kg、0.02mg/kg和0.10mg/kg，每个添加水平平行测定6次，结果见表6-5。由表6-5可知，13种氨基甲酸酯类农药在三个浓度水平的平均回收率范围为73.6%～96.8%，相对标准偏差为2.0%～12.2%。

表6-5　棉花中氨基甲酸酯类农药检测的回收率及精密度

化合物	平均回收率（%）			相对标准偏差（%）		
	0.01mg/kg	0.02mg/kg	0.10mg/kg	0.01mg/kg	0.02mg/kg	0.10mg/kg
灭多威	90.1	92.8	92.8	7.3	7.3	4.2
霜霉威	77.0	94.0	90.8	10.4	4.4	4.0
异丙威	78.9	85.2	87.6	8.9	3.6	4.2
甲萘威	79.6	92.0	96.8	11.3	6.4	4.6
仲丁威	73.6	96.3	93.2	3.3	3.5	8.0
残杀威	74.6	96.5	88.8	5.9	3.9	2.0
涕灭威	81.8	87.5	92.8	9.6	5.3	5.9
克百威	86.5	89.4	92.1	6.2	6.9	5.0
恶虫威	76.8	95.0	93.1	11.4	6.4	6.3
甲硫威	76.9	96.2	90.4	9.5	5.8	4.6
抗蚜威	84.7	92.4	89.9	9.7	8.2	5.3
乙霉威	81.9	86.8	89.8	12.2	5.8	6.7
丁硫克百威	80.0	91.2	91.8	10.1	6.2	6.6

6.2.11 方法的测定低限（LOQ）

本方法对于棉花中13种氨基甲酸酯类农药的方法测定低限均为0.01mg/kg。

6.2.12 色谱图

13种氨基甲酸酯类混合标准溶液、空白样品及添加回收多反应监测色谱图（MRM）见图6-1～图6-3。

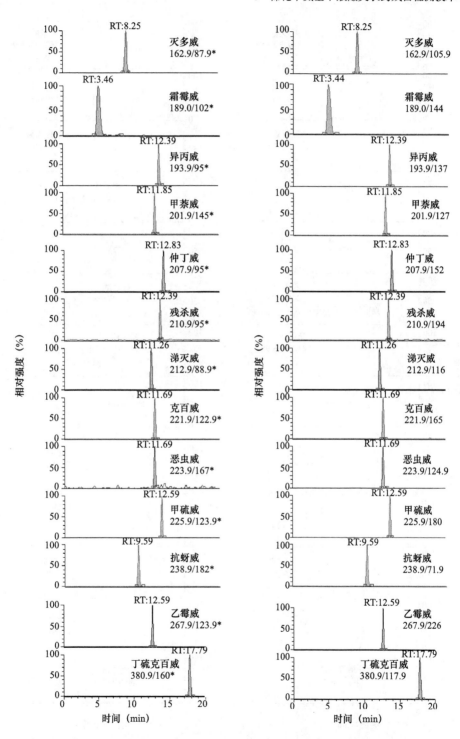

图6-1　13种氨基甲酸酯类混合标准溶液MRM色谱图（0.01μg/mL）

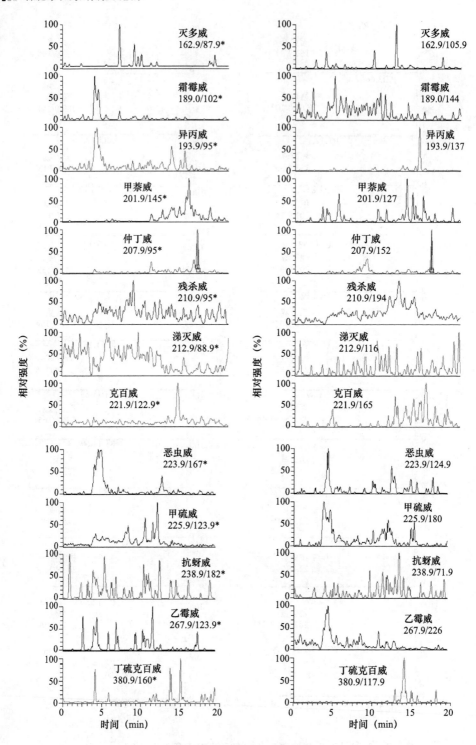

图6-2 空白样品MRM色谱图

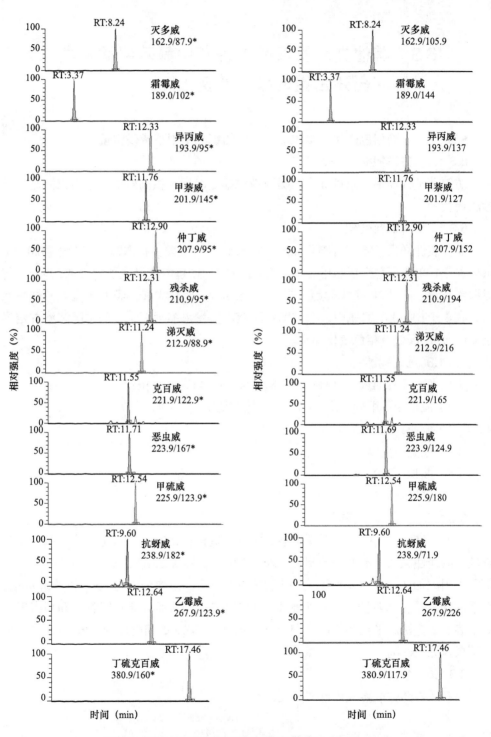

图6-3　空白样品添加标准溶液MRM色谱图（0.01mg/kg）

6.3 其他文献发表有关棉花中氨基甲酸酯类农药残留量的检测范例

6.3.1 高效液相色谱法（HPLC）测定纺织品中甲萘威残留量[1]

6.3.1.1 方法提要

纺织品试样经甲醇超声提取，提取液浓缩定容后，供高效液相色谱仪测定，外标法定量。

6.3.1.2 样品前处理

取代表性样品，将其剪碎至5mm×5mm以下，混匀。称取2.0g（精确至0.01g）试样置于100mL具塞锥形瓶中，加入50mL甲醇，在超声波发生器中提取20min。将提取液过滤。再用30mL甲醇超声提取残渣5min，合并滤液，经无水硫酸钠柱脱水后，收集于100mL浓缩瓶中，于40℃水浴旋转蒸发浓缩至近干，用甲醇溶解并定容至5.0mL，供高效液相色谱仪测定。

6.3.1.3 仪器条件

（1）色谱柱：Agilent Extend–C18，150cm×4.6mm×5μm。

（2）流动相：甲醇—水（60∶40，体积比）。

（3）流速：0.5mL/min。

（4）柱温：室温。

（5）波长：210nm。

（6）进样量：10μL。

6.3.1.4 方法技术指标

在方法确定的实验条件下，甲萘威标准物进样量在0.01~5ng范围内与响应值具有良好的线性关系。本方法的测定低限为0.1μg/g，相关系数为0.990。

采用添加法，即对本底不含甲萘威的9种织物，添加分别为0.50μg/g、5.00μg/g水平的样品进行回收测定，每个水平单独测定5次，从而计算其回收率和精密度。结果表明，方法的平均回收率为85.89%~94.2%，方法的精密度为4.36~7.51%。试验结果详见表6-6。

6.3.1.5 色谱图

甲萘威农药标准溶液色谱图见图6-4。

表6-6 方法的回收率和精密度试验结果

样品种类	添加水平（mg/kg）	实测值					$X \pm S$（mg/kg）	CV（%）	回收率（%）
		1	2	3	4	5			
棉贴衬织物（GB 7565）	0.500	0.409	0.433	0.480	0.482	0.434	0.4476 ± 0.0319	7.14	89.5
	5.00	4.94	4.46	4.46	4.93	4.76	4.710 ± 0.238	5.06	94.2
衬贴衬织物（GB 7568）	0.500	0.472	0.422	0.487	0.436	0.464	0.4561 ± 0.0268	5.88	91.2
	5.00	4.61	4.16	4.63	4.04	4.63	4.417 ± 0.290	6.58	88.3
苎麻贴衬织物（GB 13765）	0.500	0.480	0.444	0.468	0.435	0.439	0.4532 ± 0.0197	4.36	90.6
	5.00	4.45	4.71	4.05	4.32	4.74	4.454 ± 0.287	6.44	89.1
毛/涤（50/50 黑色）	0.500	0.427	0.424	0.414	0.486	0.475	0.4451 ± 0.0327	7.34	89.0
	5.00	4.77	4.42	4.16	4.61	4.52	4.496 ± 0.229	5.09	89.9
毛/黏（50/50 白色）	0.500	0.419	0.406	0.475	0.423	0.476	0.4399 ± 0.0330	7.51	88.0
	5.00	4.91	4.47	4.80	4.88	4.43	4.698 ± 0.229	4.88	94.0
涤/棉（65/35 迷彩）	0.500	0.413	0.476	0.412	0.411	0.453	0.4329 ± 0.0299	6.90	86.6
	5.00	4.20	4.27	4.70	4.21	4.05	4.288 ± 0.247	5.76	85.8
棉/锦（50/50 迷彩）	0.500	0.441	0.426	0.469	0.486	0.430	0.4501 ± 0.0262	5.81	90.0
	5.00	4.73	4.75	4.52	4.05	4.71	4.550 ± 0.296	6.51	91.0
麻/棉（50/50 白色）	0.500	0.476	0.416	0.431	0.411	0.458	0.4384 ± 0.0277	6.31	87.7
	5.00	4.34	4.95	4.60	4.31	4.44	4.529 ± 0.263	5.80	90.6
丝/毛（50/50 白色）	0.500	0.451	0.456	0.454	0.402	0.430	0.4389 ± 0.0229	5.22	87.8
	5.00	4.91	4.84	4.76	4.14	4.79	4.689 ± 0.311	6.64	93.8

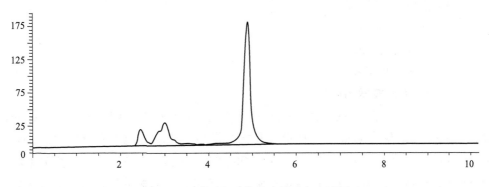

图6-4 甲萘威标准物的高效液相色谱图

6.3.2 灭多威在棉花及土壤中的残留行为研究[3]

6.3.2.1 方法提要

样品经乙酸乙酯和水提取，提取液浓缩，石油醚萃取净化，二氯甲烷萃取后浓缩定容，用气相色谱仪（GC—NPD）测定，外标法定量。

6.3.2.2　样品前处理

棉叶样品：称取已制备好的棉叶样品10.0g，置于250mL具塞三角瓶中，加入100mL乙酸乙酯，再加入80mL蒸馏水，振荡提取60min后经布氏漏斗减压抽滤，取滤液150mL，在旋转蒸发仪上浓缩至无乙酸乙酯，留取水相，往水相中加入3mL硫酸溶液（2mol/L），摇匀，之后用20mL、20mL、10mL石油醚分三次萃取，弃去石油醚相，收集水相，再加入8mL氢氧化钠溶液（2mol/L）。在85～90℃的水浴中加热碱解30min。冷却后加入4mL硫酸溶液（2mol/L），用20mL、20mL、10mL二氯甲烷分三次萃取，合并二氯甲烷萃取相，在旋转蒸发仪上浓缩至近干，用甲醇定容至5.0mL，用GC—NPD检测灭多威的含量。

棉籽样品：称取已制备好的棉籽样品10.0g，置于250mL具塞三角瓶中，加入100mL乙酸乙酯，再加入80mL蒸馏水，振荡提取60min后经布氏漏斗减压抽滤，取滤液150mL，在旋转蒸发仪上浓缩至无乙酸乙酯，留取水相。其余步骤同棉叶样品处理。

6.3.2.3　仪器条件

（1）仪器：气相色谱仪，配氮磷检测器（Agilent-6890N）。

（2）色谱柱：DB-5石英弹性毛细管柱。

（3）载气：氮气（99.999%）。

（4）进样口温度：280℃。

（5）检测器温度：300℃。

（6）柱温：200℃。

（7）氮气流速：5mL/min。

（8）尾吹：35mL/min。

6.3.2.4　方法技术指标

取未受灭多威污染的棉花做添加回收率实验，加标样量分别为0.1mg/L、0.5mg/L、5.0mg/L。结果表明灭多威在棉叶和棉籽样品中的添加回收率分别为83.5%～96.3%（平均回收率为87.4%～97.5%）和87.9%～97.9%（平均回收率为91.0%～95.3%）；标准偏差分别为1.85～4.64和1.15～5.21；相对标准偏差分别为2.12%～5.24%和1.26%～5.47%。灭多威最小检出量为2.0×10^{-10}g，棉叶和棉籽相应的最小检出浓度都为0.02mg/kg。均符合残留分析的要求。

6.3.2.5　色谱图

灭多威标准溶液、空白样品及其添加、棉叶样品的气相色谱图见图6-5。

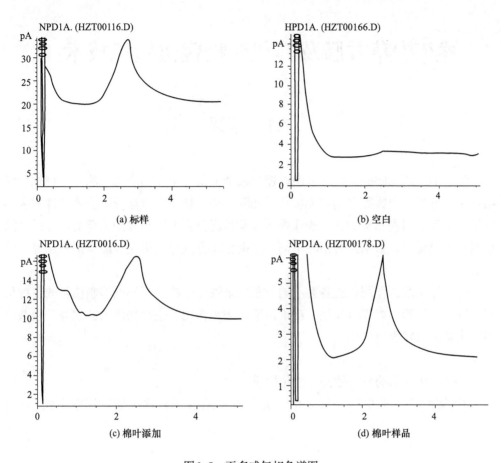

图6-5 灭多威气相色谱图

参考文献

［1］黄玉英，王明泰，宋立国，等.高效液相色谱法（HPLC）测定纺织品中甲萘威
残留量［J］.纺织标准与质量，2006（6）：35-37.

［2］李治祥，黄士忠，凌联银，等.硫双威在棉花和土壤中的残留动态研究［J］.
农业环境保护，1997，16（5）：200-203.

［3］贺兰，龚道新，胡瑞兰，等.灭多威在棉花及土壤中的残留行为研究［J］.农
药研究与应用，2009，13（5）：20-24.

7 棉花中草甘膦及其代谢物残留检测技术

7.1 概述

除草剂（Herbicide）是一种用以控制或消灭杂草生长的农药。除草剂根据化学结构分为有机化合物除草剂和无机化合物除草剂。按使用方法分为土壤处理剂和茎叶处理剂等。根据除草剂在植物体内的移动情况分为内吸传导型除草剂、触杀型除草剂和内吸传导、触杀综合型除草剂。根据作用方式分为灭生性除草剂和选择性除草剂。

各种除草剂的作用机理各有不同，总的来说是干扰、阻碍或抑制植物的各种重要生理生化过程，如光合作用、激素调节、呼吸作用、生命物质的合成等，使杂草不能正常生长发育而枯死。

7.1.1 化合物的分子结构及理化性质

2种除草剂农药的中英文名称、分子式、结构式和理化性质等信息如表7-1所示。

表7-1 2种除草剂农药的中英文通用名、分子式、结构式、理化性质等信息

化合物	理化性质	CAS	分子式	相对分子质量	结构式
草甘膦（Glyphosate）	为非挥发性白色固体，25℃时在水中的溶解度为1.2%，不溶于一般有机溶剂	1071-83-6	$C_3H_8NO_5P$	169	
氨甲基膦酸（Aminomethyl phosphonic acid）	熔点300℃，储存于0~6℃，可溶于水，易吸湿，干燥保存	1066-51-9	CH_6NO_3P	111.04	

7.1.2 国内外对棉花中除草剂残留检测的技术概况

国内关于棉花中除草剂类农药残留量测定方法的文献很少，这里介绍一些食品中除草剂类农药残留量测定方法，可以作为借鉴。测定方法主要有高效液相色谱—

串联质谱法[1]和反反相色谱—串联质谱法[2]。

李波等[1]采用高效液相色谱—串联质谱法测定食品中草甘膦及其主要代谢物氨甲基膦酸残留量。样品经水提取后用二氯甲烷除去其中的脂肪，再经阳离子交换柱（CAX）净化，用9-芴基甲基三氯甲烷（FMOC-Cl）衍生化，采用多反应监测技术所确定的定性离子对其进行定性，同位素内标法定量。方法的定量检测低限为0.05mg/kg，平均回收率在80.0%～104%之间，相对标准偏差小于18.2%。

周爽等[2]采用反反相色谱—串联质谱法测定植物源性食品中草甘膦及其代谢物残留量。样品用水提取，阴离子交换柱（MAX）净化，以5mmol/L的乙酸铵溶液和5%水～95%乙腈的乙酸铵溶液为流动相，反反相色谱分离，采用电喷雾离子源、负离子扫描模式和多反应监测模式质谱检测，外标法定量。方法的检出限（S/N=3）均为0.01mg/kg，平均回收率在78%～113%之间，相对标准偏差小于11.0%。

7.2 棉花中草甘膦及其代谢物残留的自主研究检测技术

7.2.1 适用范围

本方法适用于棉花中草甘膦及其代谢物氨甲基膦酸的测定。

7.2.2 方法提要

试样经水提取后，与FMOC-Cl衍生反应，液相色谱—串联质谱法测定，内标法定量。

7.2.3 试剂材料

甲醇为色谱纯；9-芴基甲基三氯甲烷为分析纯；水为超纯水。

草甘膦、草甘膦内标、氨甲基膦酸、氨甲基膦酸内标信息见表7-2。储备液用水配制，0～4℃保存。根据需要用水稀释至适当浓度的标准工作液。

表7-2 标准品信息

化合物	英文名	CAS	纯度/浓度	供货商
草甘膦	Glyphosate	1071-83-6	98.0%	Dr.Ehrenstorfer Gmbh
氨甲基膦酸	Aminomethyl phosphonic acid	1066-51-9	99.5%	上海安谱科学仪器有限公司

化合物	英文名	CAS	纯度/浓度	供货商
草甘膦同位素内标	Glyphosate 1, 2-$^{13}C_2$^{15}N	—	100μg/mL	Dr.Ehrenstorfer Gmbh
氨甲基膦酸同位素内标内标	Aminomethyl phosphonic acid ^{13}C^{15}N	—	100μg/mL	Dr.Ehrenstorfer Gmbh

7.2.4 试样制备

取10g以上有代表性的试样，剪碎至2mm×2mm以下，混匀。

7.2.5 实验步骤

7.2.5.1 样品前处理

准确称取0.5g均匀试样（精确至0.01g），置入50mL塑料离心管中，准确加入25mL水，振摇30min后，精密移取1.0mL上述提取液，加入100μL 5%硼酸盐缓冲溶液和50μL 9-芴基甲基三氯甲烷（FMOC-Cl）衍生化反应后，过滤膜，供液相色谱—质谱/质谱仪测定。

7.2.5.2 标准工作液处理

分别精密移取1.0mL标准工作液，浓度分别为1ng/mL、2ng/mL、5ng/mL、10ng/mL，再加入100μL 5%硼酸盐缓冲溶液和50μL 9-芴基甲基三氯甲烷（FMOC-Cl）衍生化反应后，过滤膜，供液相色谱—质谱/质谱仪测定。

7.2.6 仪器设备

（1）Thermo TSQ Quantum ULTRA液相色谱—串联质谱仪，配有电喷雾离子源。

（2）电子天平：感量0.1mg、0.01g。

（3）Legend Mach 1.6R高速离心机。

7.2.7 仪器条件

（1）色谱条件。

①色谱柱：Agilent Eclipse C_{18}色谱柱（100mm×2.1mm×3.5μm）。

②流动相：5mmol/L醋酸铵+甲醇，梯度洗脱程序见表7-3。

③流速：0.25mL/min。

④进样量：10μL。

表7-3 梯度洗脱程序

时间（min）	5mmol/L醋酸铵（%）	甲醇（%）
0	80	20
4.0	80	20
10.0	40	60
14.0	40	60
15.0	80	20
18.0	80	20

（2）质谱条件。

①离子源：电喷雾离子源。

②扫描方式：负离子。

③检测方式：多反应监测。

④电喷雾电压：3000V。

⑤离子化温度：300℃。

⑥毛细管温度：300℃。

⑦鞘气、辅助气均为高纯氮气，鞘气压力为50Arb，辅助气压力为20Arb，碰撞气压力：0.2Pa。

⑧监测离子对、碰撞能量等参数见表7-4。

表7-4 草甘膦、氨甲基膦酸及其同位素内标监测离子对和碰撞能量

化合物	监测离子对，m/z	碰撞能量，V
草甘膦	390.0/168.0*	10
	390.0/150.0	25
草甘膦-$^{13}C_2^{15}N$	393.0/171.0	15
氨甲基膦酸	332.0/136.0*	15
	332.0/110.0	10
氨甲基膦酸-$^{13}C^{15}N$	333.0/111.2	13

*定量离子对

7.2.8 线性关系

草甘膦及氨甲基膦酸在0～10ng/mL范围内线性良好，相关系数均大于0.999，

具体线性方程及相关系数见表7-5。

表7-5　草甘膦及氨甲基膦酸线性关系

化合物	线性方程	相关系数
草甘膦	$Y=0.211X-0.017$	0.9992
氨甲基膦酸	$Y=0.317X-0.048$	0.9996

7.2.9　回收率及精密度

在不含草甘膦和氨甲基膦酸的棉花样品中添加三个浓度水平混合标准溶液，添加浓度为0.05mg/kg、0.10mg/kg和0.20mg/kg，每个添加水平平行测定6次，结果见表7-6。由表7-6可知，草甘膦、氨甲基膦酸在三个浓度水平的平均回收率范围为81.6%～90.7%，相对标准偏差为3.4%～9.7%。

表7-6　棉花中草甘膦及氨甲基膦酸检测的回收率及精密度

化合物	添加水平 mg/kg	回收率（%）						平均回收率（%）	相对标准偏差（%）
		1	2	3	4	5	6		
草甘膦	0.05	75.2	78.6	83.2	81.2	88.4	85.0	81.9	5.7
	0.10	86.3	88.0	87.7	90.2	83.2	82.1	86.3	3.6
	0.20	89.5	96.4	87.9	88.5	89.2	92.5	90.7	3.6
氨甲基膦酸	0.05	68.8	74.8	84.6	87.4	86.0	88.2	81.6	9.7
	0.10	91.0	86.6	78.4	82.6	85.6	86.6	85.1	5.0
	0.20	86.9	92.4	90.2	86.6	94.0	92.3	90.4	3.4

7.2.10　方法的测定低限（LOQ）

本方法对于棉花中草甘膦及氨甲基膦酸的方法测定低限均为0.05mg/kg。

7.2.11　色谱图

草甘膦及氨甲基膦酸混合标准溶液、空白棉花样品及棉花样品添加回收多反应监测色谱图（MRM）见图7-1～图7-3。

7.2.12　方法的关键控制点

该方法需要保证足够的衍生时间，一般需衍生过夜。

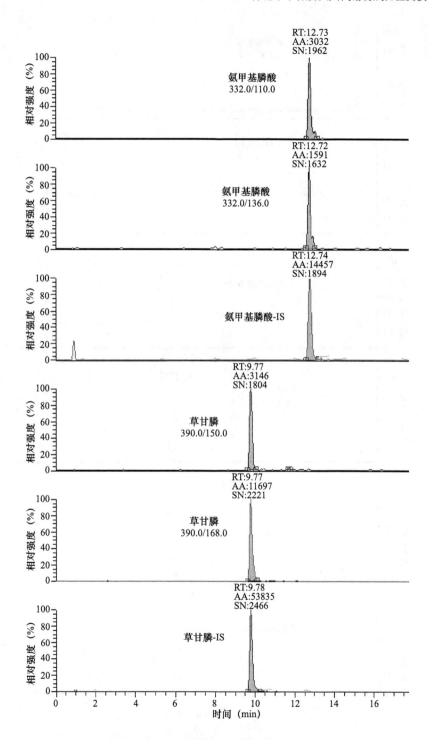

图7-1 草甘膦及氨甲基膦酸标准溶液MRM色谱图（1.0ng/mL）

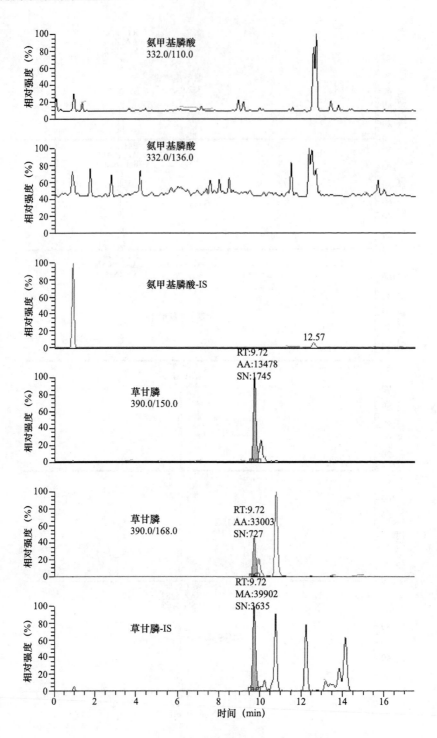

图7-2　棉花样品MRM色谱图

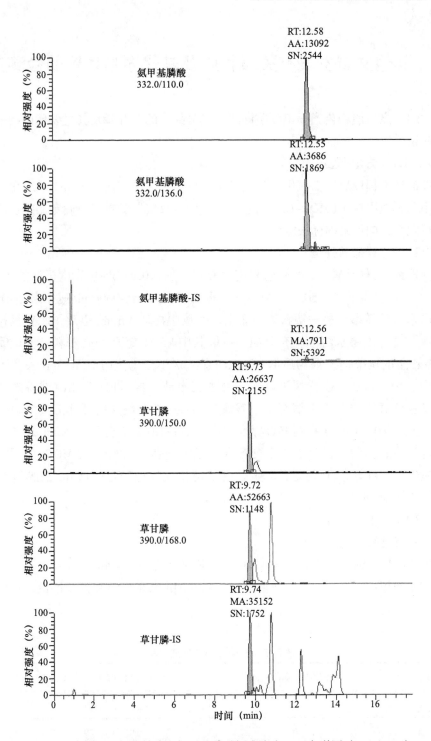

图7-3　棉花样品添加草甘膦及氨甲基膦酸标准溶液MRM色谱图（0.05mg/kg）

7.3 其他文献发表有关草甘膦及其代谢物残留的检测范例

7.3.1 高效液相色谱—串联质谱法检测食品中的草甘膦及其主要代谢物氨甲基膦酸残留[1]

7.3.1.1 方法提要

样品经水提取后用二氯甲烷除去脂肪，再经阳离子交换柱（CAX）净化，用9-芴基甲基三氯甲烷（FMOC-Cl）衍生化，采用多反应监测技术所确定的定性离子对其进行定性，同位素内标法定量。

7.3.1.2 样品前处理

称取约10g样品置于250mL塑料离心瓶中，加入0.1mL同位素内标溶液（10mg/L）、100mL去离子水、50mL二氯甲烷，振荡20min，于4000r/min速率离心10min。将上层水溶液转移至另一塑料离心瓶中，残渣中再加入50mL去离子水重复振荡提取一次，合并上层水溶液，充分混匀后取其中4.5mL置于10mL塑料具塞试管中，加0.5mL酸度调节剂，混匀后取1.0mL加到CAX小柱（使用前经10mL去离子水活化）中，用1.4mL CAX洗脱液淋洗，弃去流出液，再用11mL CAX洗脱液洗脱，收集洗脱液并于45℃下浓缩至干。残渣中加1mL 5%硼酸盐缓冲溶液溶解，并调节pH至9。取0～10μg/L系列混合标准工作溶液各1.0mL，分别加入200μL 5%硼酸盐缓冲溶液，混匀。样品液与系列标准溶液中分别加入0.2mL FMOC-Cl丙酮溶液（1.0g/L），混匀，于室温下衍生过夜。衍生化反应液经0.45μm滤膜过滤后供HPLC—MS/MS测定。

7.3.1.3 仪器条件

（1）色谱条件。

①色谱柱：Supelco Discovery C18柱（150mm×2.1mm×5μm）。

②流动相：0.1%甲酸的乙腈溶液+5mmol/L醋酸铵的0.1%甲酸水溶液，梯度洗脱程序见表7-7。

表7-7　流动相的梯度洗脱程序

时间（min）	0.1%甲酸的乙腈溶液（%）	5mmol/L醋酸铵的0.1%甲酸水溶液（%）
0	20	80
5	70	30

时间（min）	0.1%甲酸的乙腈溶液（%）	5mmol/L醋酸铵的0.1%甲酸水溶液（%）
8	95	5
12	95	5
13	20	80
20	20	80

③流速：0.2mL/min。

④进样量：30μL。

（2）质谱条件。

①离子源：电喷雾离子源。

②检测方式：多反应监测。

③碰撞气：氮气。

④电喷雾电压：3500V。

⑤气帘气压力：137.8kPa（20psi）。

⑥辅助气压力：172.2kPa（25psi）。

⑦离子源温度：250℃。

7.3.1.4　方法技术指标

在确定的仪器条件下，PMG和AMPA在0.20～10μg/L（内标均为6μg/L）范围内，其质量浓度X（μg/L）与峰面积Y呈正比，PMG的线性回归方程为$Y=1.1788X-0.0012$（$r^2=0.9998$）；AMPA的线性回归方程为$Y=1.2426X+0.0072$（$r^2=0.9987$）。方法的检测低限（LOQ）为0.05mg/kg，折算至进样质量浓度约为2.5μg/L，此时检测信噪比大于10，满足实际检测需要。

对大豆、小麦、大米、玉米、甘蔗、橙、紫苏、板栗、茶、蜂蜜、混合香料、人参、鸡肉、猪肉、鱼、虾样品分别添加0.05mg/kg，0.10mg/kg，0.50mg/kg水平的PMG和AMPA及一定浓度的同位素内标物，每个水平平行测定9次。实验结果表明，方法的平均回收率为80.0%～104%，相对标准偏差为6.7%～18.2%。

7.3.1.5　色谱图

草甘膦（PMG）及其主要代谢物氨甲基膦酸（AMPA）标准品衍生物的子离子扫描质谱图见图7-4。

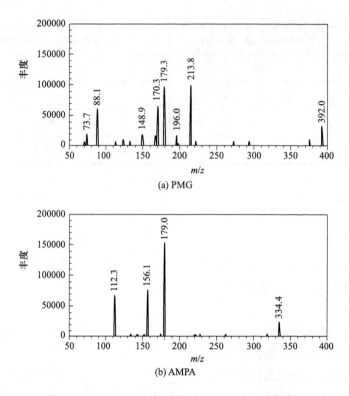

(a) PMG

(b) AMPA

图7-4　PMG和AMPA标准溶液的子离子扫描质谱图

7.3.2　反反相色谱—串联质谱法直接测定植物源性食品中草甘膦及其代谢物残留[2]

7.3.2.1　方法提要

样品用水提取，阴离子交换柱（MAX）净化，反反相色谱分离，采用电喷雾离子源、负离子扫描模式和多反应监测模式质谱检测，外标法定量。

7.3.2.2　样品前处理

准确称取样品1g（不含水）或5g（含水）至50mL离心管中，加入10mL水，均质，放置20min后，于4000r/min离心5min，取上清液，备用。用3mL甲醇活化MAX小柱、氨基柱小柱、HLB小柱后，用2mL水平衡，再加2mL 2%氨水，弃去。将上述离心后的样品加入小柱内，样品完全附着于小柱内填充物后，加2mL 2%氨水淋洗，弃去，再依次用2mL甲醇、2mL 2%盐酸甲醇洗脱，收集上述洗脱液，氮吹至干，用1mL水定容后，过0.2μm滤膜，将滤液移至取样瓶中，待用。

7.3.2.3 仪器条件

（1）色谱条件。

①色谱柱：Diamond Hydride柱（150mm×2.1mm（内径），4.0μm）。

②流动相：A为5mmol/L乙酸铵；B为5%水—95%乙腈的乙酸铵溶液（其中乙酸铵浓度为5mmol/L），梯度洗脱程序见表7–8。

表7–8 梯度洗脱程序

时间（min）	5mmol/L乙酸铵（%）	5%水—95%乙腈的乙酸铵溶液（%）
0.00	30	70
3.00	30	70
3.10	95	5
7.00	95	5
7.10	30	70
10.00	30	70

③流速：0.8mL/min。

④进样量：5μL。

⑤柱温：35℃。

（2）质谱条件。

①离子源：电喷雾离子源。

②扫描方式：电喷雾负离子（ESI）扫描。

③检测方式：多反应监测（MRM）模式。

④雾化气：15L/min。

⑤气帘气：12L/min。

⑥辅助加热气：氮气8L/min。

⑦加热温度：600℃。

⑧喷雾电压：5000V。

⑨定量和定性离子、碰撞能量等参数见表7–9。

7.3.2.4 方法技术指标

用标准溶液配制成系列浓度的工作液，GLY的质量浓度为10～500μg/L，AMPA的质量浓度为20～1000μg/L，在优化实验条件下进样（5μL），以进样质量浓度（X，μg/L）为横坐标，定量离子对的峰面积（Y）为纵坐标建立标准曲线（表7-10）。由表7-10可知，各分析物的相关系数均大于0.99，相关性良好。

表7-9　草甘膦（GLY）及其主要代谢物氨甲基膦酸（AMPA）的质谱检测参数

化合物	母离子	子离子	DP（V）	CE（eV）	CXP（V）	驻留时间（ms）
GLY	168.3	63.0*	−30	−23.1	−12	50
		81.0	−30	−20.0	−12	50
		124.0	−30	−15.3	−12	50
AMPA	110.0	62.9*	−30	−26.0	−12	50
		78.9	−30	−30.3	−12	50
		81.0	−30	−17.6	−12	50

＊定量离子

采用向空白样品中逐级降低加标浓度的方法来确定检出限（LOD）和定量下限（LOQ）。以3倍信噪比（S/N=3）对应的目标物浓度作为检出限，以10倍信噪比（S/N=10）对应的目标物浓度作为定量下限，结果如表7-10所示。

表7-10　GLY和AMPA的线性方程、检出限（LOD）及定量下限（LOQ）

分析物	线性范围（μg/L）	线性方程	相关系数	检出限LOD（mg/kg）	定量下限LOQ（mg/kg）
GLY	10～500	$Y=3.240 \times 10^3 X+3180$	0.9984	0.01	0.02
AMPA	20～1000	$Y=3.610 \times 10^4 X+27400$	0.9916	0.01	0.04

在优化条件下，对红茶、绿茶、花茶、青枣、白萝卜、毛豆6种样品进行加标回收实验以及特异性分析。从空白色谱图及加标色谱图看，分析目标物与基体杂质分离很好，不受基体杂质干扰，加标色谱图和标准溶液色谱图一致（图7-5）。每个浓度平行做6个重复实验，加标回收率和精密度结果见表7-11。6种基质中GLY、AMPA的回收率为78%～113%，相对标准偏差为3.2%～11.0%。实验结果显示本方法的基质干扰小，重现性和精密度均可满足草甘膦及其代谢物的残留分析要求。

7.3.2.5　色谱图

空白红茶样品和添加样品的色谱图见图7-5。GLY和AMPA的MRM色谱图见图7-6。

表7-11 不同基体中GLY和AMPA的加标回收率与相对标准偏差（ n=6 ）

分析物	GLY			AMPA		
	添加水平（ mg/kg ）	回收率（ % ）	相关系数 RSD$_r$（ % ）	添加水平（ mg/kg ）	回收率（ % ）	相关系数 RSD$_r$（ % ）
红茶	0.02	87 ~ 113	6.0	0.04	82 ~ 91	8.2
	0.05	92 ~ 101	3.2	0.1	80 ~ 97	5.8
	0.5	85 ~ 102	4.5	1.0	81 ~ 100	6.0
绿茶	0.02	96 ~ 113	5.9	0.04	82 ~ 108	7.1
	0.05	79 ~ 108	5.7	0.1	96 ~ 106	6.3
	0.5	96 ~ 105	4.7	1.0	98 ~ 104	7.5
花茶	0.02	94 ~ 102	6.3	0.04	80 ~ 106	9.5
	0.05	98 ~ 110	6.5	0.1	78 ~ 87	10.4
	0.5	90 ~ 108	5.1	1.0	80 ~ 88	7.1
青枣	0.02	89 ~ 92	7.5	0.04	87 ~ 90	7.9
	0.05	86 ~ 106	5.3	0.1	96 ~ 106	8.3
	0.5	90 ~ 108	6.3	1.0	95 ~ 107	11.0
毛豆	0.02	96 ~ 107	6.6	0.04	79 ~ 93	10.7
	0.05	96 ~ 111	6.6	0.1	80 ~ 89	8.1
	0.5	85 ~ 102	6.5	1.0	85 ~ 88	6.0
白萝卜	0.02	86 ~ 99	4.8	0.04	90 ~ 93	7.6
	0.05	95 ~ 109	8.8	0.1	88 ~ 94	6.9
	0.5	84 ~ 112	7.1	1.0	91 ~ 112	4.2

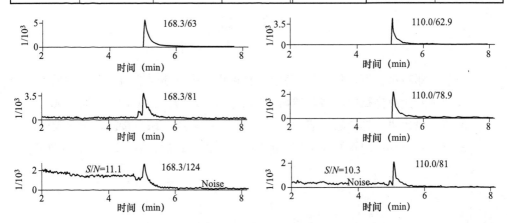

图7-5 红茶加标样品的MRM色谱图

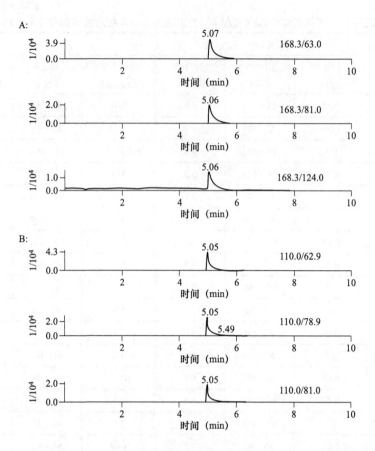

图7-6 50μg/LGLY（A）和50μg/L AMPA（B）的MRM色谱图

参考文献

［1］李波，邓晓军，郭德华，等. 高效液相色谱—串联质谱法检测食品中的草甘膦及其主要代谢物氨甲基膦酸残留［J］.色谱，2007，25（4）：486-490.

［2］周爽，徐敦明，林立毅，等. 反反相色谱—串联质谱法直接测定植物源性食品中草甘膦及其代谢物残留［J］.分析测试学报，2013，32（2）：199-204.

8 棉花中植物生长调节剂类农药残留检测技术

8.1 概述

植物生长调节剂（Growth regulator）是用于调节植物生长发育的一类农药，包括从生物中提取的天然植物激素和人工合成的化合物。植物生长调节剂是外源的非营养性化学物质，通常可在植物体内传导至作用部位，以较低的浓度就可以抑制或促进其生长发育，使之向符合人类需要的方向发展。

每种植物生长调节剂都具备特定的用途，对应用技术的要求也相当严格，只有在特定的施用条件下才能达到特定的功效。通常改变浓度就会获得相反的效果，例如在高浓度下有抑制作用，而在低浓度下则变成促进作用。植物生长调节剂有很多种用途，因目标植物和品种而不同。例如：促进生根；控制萌芽和休眠；促进细胞伸长及分裂；控制果的形或成熟期；疏花疏果，控制落果；控制侧芽或分蘖；保鲜；增强吸收肥料能力；增强抗逆性（抗旱、抗病、抗冻、抗盐分）等。有些植物生长调节剂以高浓度使用就成为除草剂，而有些除草剂在低浓度条件下也有生长调节作用。

8.1.1 化合物的分子结构及理化性质

表8-1所示为3种生长调节剂的理化性质、CAS、分子式及结构式。

表8-1　3种生长调节剂的理化性质、CAS、分子式、相对分子质量及结构式

化合物	理化性质	CAS	分子式	相对分子质量	结构式
乙烯利（Ethephon）	为白色针状结晶，溶于水、甲醇、丙酮、乙二醇、丙二醇，微溶于甲苯，不溶于石油醚	16672-87-0	$C_2H_6ClO_3P$	144.50	
噻苯隆（Thidiazuron）	为无色无味晶体，23℃时，水中溶解度为200mg/L	51707-55-2	$C_9H_8N_4OS$	220.2	

化合物	理化性质	CAS	分子式	相对分子质量	结构式
敌草隆 （Diuron）	为无色结晶固体，沸点为180～190℃，微溶于水、烃类，相对密度（空气＝1）8.04，性质稳定	330–54–1	$C_9H_{10}Cl_2N_2O$	233.10	

8.1.2 国内外对棉花及棉籽中生长调节剂残留检测的技术概况

目前棉花和棉籽中植物生长调节剂残留测定方法主要有气相色谱法[1]、高效液相色谱法[2-5]，液相色谱—质谱法[6]和反相离子对色谱法[7]。

郭永泽等[1]采用气相色谱—氮磷检测器（GC—NPD）测定了棉籽中敌草隆及其代谢产物的残留量。试样经水解反应，正己烷萃取，浓缩定容后，进行GC—NPD检测。方法的检出限为0.05mg/kg，回收率在80.56%～94.14%之间。

孙近等[2-3]采用高效液相色谱法（HPLC）定量测定了棉花中噻苯隆残留量。试样经乙腈振荡提取，布氏漏斗抽滤，浓缩定容后，进行HPLC检测。方法的检出限为0.05mg/mL，回收率在81.3%～94.5%之间，相对标准偏差小于4.37%。

蔡德玲等[4]采用高效液相色谱法（HPLC）定量测定了棉籽中噻苯隆残留量。样品经乙腈或丙酮/水提取，用装有无水硫酸钠和碱性氧化铝的层析柱净化，进行HPLC检测。方法的平均回收率在85.29%～89.96%之间，相对标准偏差小于4.84%。

郭永泽等[5]采用高效液相色谱—二极管阵列检测器（HPLC—PDA）测定了棉籽中噻苯隆及其异构体的残留量。试样用乙腈提取后，用正己烷萃取、分液，过碱性氧化铝层析柱，进行HPLC—PDA检测。噻苯隆的检出限为0.021mg/kg，回收率在80.4%～95.4%之间。噻苯隆异构体的检出限小于0.028mg/kg，回收率在80.4%～95.4%之间。

Liu Xin-Gang等[6]采用液相色谱—质谱（LC—MS）法测定棉花中助壮素的残留量。试样经2%氯化铵—乙醇溶液提取，用C_{18}SPE小柱净化，然后用LC—MS进行测定。助壮素的定量检测低限为0.05mg/mL，回收率在78.1%～94.7%之间，相对标准偏差小于9.8%。

李敏敏等[7]采用超高效液相色谱—串联质谱（UPLC—MS/MS）法测定棉花样品中胺鲜酯·甲哌鎓的残留。试样经去离子水溶液超声提取，用Florisil粉末和石墨化炭黑进行净化，过膜，进行UPLC—MS/MS测定。胺鲜酯·甲哌鎓的方法定量限为0.5mg/kg，回收率在76.3%～98.4%之间，变异系数在3.1%～9.8%之间。

Pryde等[8]采用反相离子对色谱法测定了棉花中2-benzoxazolinylidenma-lononitrile的残留量。样品经试剂提取，阴离子交换色谱法净化后，用反相离子对色谱法测定，外标法定量。该方法在0.15～134.6mg/kg添加水平之间的平均回收率为104.4%。

8.2　棉花中植物生长调节剂类农药残留的自主研究检测技术

8.2.1　方法提要

将样品用乙腈提取，液相色谱—串联质谱测定和确证，外标法定量。

8.2.2　试剂材料

甲醇、乙腈、甲酸为色谱纯（美国Tedia公司），氢氧化钠为分析纯，实验用水为Milli-Q高纯水。

乙烯利、噻苯隆、敌草隆标准品均购自德国Dr Ehrenstorfer公司，纯度大于99%。标准溶液：用甲醇配制为100mg/L的标准储备液，于4℃以下避光保存。根据需要用甲醇—水（6：4，体积比，用5 mol/L氢氧化钠溶液调节pH=8）溶液稀释至适当浓度的标准工作液。由于乙烯利在pH=8溶液中稳定性差，样品和标准溶液需要在6h内用液相色谱—质谱/质谱仪完成测试。

8.2.3　试样制备

取10g以上有代表性的试样，剪碎至2mm×2mm以下，混匀。

8.2.4　样品前处理

称取均匀样品1g（精确至0.01g），置于50mL具塞离心管中，加入20mL甲醇—水（6：4，体积比，用5mol/L氢氧化钠溶液调节pH=8），振摇提取20min，以6000r/min速率离心5min，取上清液过0.22μm有机滤膜，供液相色谱—质谱/质谱仪测定。

8.2.5　仪器设备

API 4000Q液相色谱—质谱/质谱仪：配有电喷雾离子源和大气压化学源（美国AB公司）；电子天平：感量0.1mg、0.01g（瑞士梅特勒公司）；Legend Mach 1.6R

高速冷冻离心机（美国热电公司），0.22μm聚四氟乙烯疏水性过滤头。

8.2.5.1 高效液相色谱条件

Agilent ZORBAX Eclipse XDB-C$_8$色谱柱（150mm×4.6mm×5μm）；流动相：甲醇—水（6∶4，体积比）；流速：0.4mL/min；进样量：20μL；柱温：20℃。

8.2.5.2 质谱条件

电喷雾离子源（ESI），负离子模式扫描；质谱扫描方式：多反应监测（MRM）；电喷雾电压：-4500V；雾化气压力（GS1）：0.289MPa；气帘气压力（CUR）：0.172MPa；辅助气压力（GS2）：0.31MPa；离子源温度（TEM）：525℃；定性离子对、定量离子对、去簇电压及碰撞气能量见表8-2。

表8-2 乙烯利、噻苯隆和敌草隆农药的质谱参数、回归方程、相关系数和方法定量限

化合物	保留时间（min）	离子对 m/z	去簇电压 DP（V）	碰撞气能量 CE（V）	线性方程	相关系数	LOQ（μg/kg）
乙烯利	6.4	142.7/107.0* 142.7/79.3	-40	-17 -25	$Y=404X+634$	0.9999	100
噻苯隆	9.1	219.2/100.0* 219.2/70.9	-55	-17 -46	$Y=2.18\times10^4X+66.1$	0.9998	4
敌草隆	17.0	231.1/186.0* 231.1/149.8	-90	-25 -34	$Y=3.65\times10^3X+26.4$	0.9999	40

*定量离子（Quantinfication ion）

8.2.6 方法的线性关系

采用空白棉花样品提取溶液配制乙烯利、敌草隆和噻苯隆混合标准溶液，乙烯利混合标准工作液浓度为0、5.0μg/L、10.0μg/L、20.0μg/L、25.0μg/L，敌草隆的混合标准工作液浓度为0、2.0μg/L、4.0μg/L、8.0μg/L、10.0μg/L，噻苯隆混合标准工作液浓度为0、0.2μg/L、0.4μg/L、0.8μg/L、1μg/L。对5点系列浓度混合标准溶液进行测定，分别以3种化合物的峰面积对质量浓度作图，得到各化合物的标准工作曲线。结果显示，在所测定的质量浓度范围内标准工作曲线具有良好的线性，相关系数均大于0.999。仪器定量限为10倍信噪比（S/N）时的浓度，方法的定量限通过仪器定量限和方法回收率计算得到，结果见表8-2。

8.2.7 方法回收率及室内、室间精密度

在不含3种待测组分的棉花样品中进行农药的添加回收试验，乙烯利添加水平均为100μg/kg、200μg/kg和400μg/kg，敌草隆的添加水平均为40μg/kg、80μg/kg和

160μg/kg，噻苯隆添加水平为4μg/kg、8μg/kg和16μg/kg，每个添加水平平行测定6次，由表8-3可知，方法的平均回收率为89.4%～100.2%；方法的平均相对标准偏差（RSD）为5.7%～11.4%。

表8-3　空白棉花中乙烯利、敌草隆和噻苯隆的添加回收率及精密度（ n=6 ）

化合物	添加浓度（μg/kg）	检测结果（μg/kg）						平均值（μg/kg）	平均回收率（%）	相对标准偏差（%）
		1	2	3	4	5	6			
乙烯利	100	106	93.9	98.5	96.8	110	105	102	102	6.11
	200	189	179	199	183	210	202	194	96.8	6.18
	400	378	366	390	405	430	412	397	99.2	5.91
敌草隆	40	37.5	40.5	39.2	41.8	42.5	39.8	40.2	100	4.50
	80	74.5	76.8	74.8	76.7	83	79.5	77.6	96.9	4.14
	160	150	145	162	150	173	163	157	98.2	6.73
噻苯隆	4	3.54	3.41	3.65	3.89	3.6	3.79	3.65	91.2	4.74
	8	6.81	6.47	7.11	7.59	7.52	7.66	7.19	89.9	6.69
	16	14.9	15.3	17.6	16.3	15.1	16.2	15.9	99.4	6.38

8.2.8　方法的测定低限

方法的定量限乙烯利为100μg/kg、敌草隆为40μg/kg，噻苯隆为4 mg/kg。

8.2.9　色谱图

乙烯利、噻苯隆、敌草隆混合标准溶液，空白样品及其添加乙烯利、敌草隆和噻苯隆混合标准溶液的多反应监测色谱图（MRM）见图8-1。

8.2.10　方法的关键控制点

8.2.10.1　标准品稀释溶液和流动相的选择

将乙烯利、噻苯隆和敌草隆混合标准溶液分别用甲醇、乙腈溶解，LC—MS/MS色谱图显示，相同浓度下乙烯利以乙腈为溶剂的峰形响应低、峰宽、拖尾。实验用不同体积比的甲醇—水配制10μg/L的混合标准溶液，分别进样分析，结果显示甲醇—水体积比为4∶6、5∶5、6∶4、7∶3的色谱峰峰形较好，同时流动相为甲醇—水（6∶4，体积比）时三个待测化合物的色谱分离较好，满足测试要求。考虑到定容

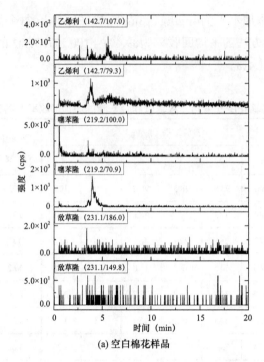

(a) 空白棉花样品

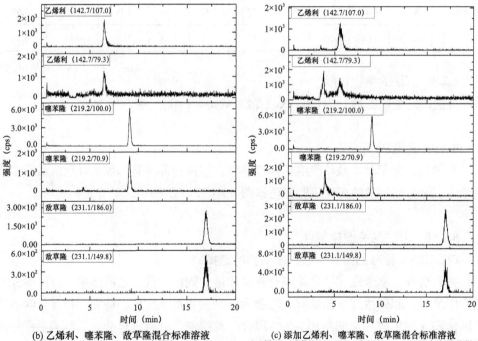

(b) 乙烯利、噻苯隆、敌草隆混合标准溶液
（乙烯利、敌草隆40μg/kg，噻苯隆4μg/kg）

(c) 添加乙烯利、噻苯隆、敌草隆混合标准溶液
（乙烯利、敌草隆40μg/kg，噻苯隆4μg/kg）的空白棉花样品

图8-1　不同条件下各化合物MRM色谱图

溶剂与流动相对待测物质的峰形、分离度和灵敏度有很大影响，故选择甲醇—水（6∶4，体积比）作为标准品稀释溶液。

对三种化合物混合标准工作液分别用pH为8、7、6、5.5的甲醇—水（6∶4，体积比）制备，尽管乙烯利在酸性条件下稳定，但从LC—MS/MS色谱图上看pH 5.5时乙烯利的一对定性离子劈叉，溶液pH为8时的峰形对称，因此本方法选择溶液pH为8稀释混合标准溶液，但需要临用前现配，6h内进样完成检测。

8.2.10.2 提取方法的选择和提取时间的确定

本文用pH为8的甲醇—水（6∶4，体积比）对空白棉花样品添加混合标准溶液的提取效果进行考察，比较超声波提取仪和振荡器的提取效果，提取时间均为20min，结果显示，3种化合物的回收率采用超声提取略低于震荡提取，可能是因为乙烯利、噻苯隆在酸性条件下稳定，在pH为8的碱性条件超声提取，由于时间的延长温度增加，导致化合物稳定性下降，因此本方法采用振摇提取。

用pH为8的甲醇—水（6∶4，体积比）对空白棉花样品添加混合标准溶液的提取时间进行考察，分别振摇提取10min、20min，实验结果表明10min、20min振摇，三种化合物的回收率变化不大，故将振荡提取时间定为20min。

8.3 其他文献发表有关棉花中生长调节剂类农药残留量的检测范例

8.3.1 棉籽中敌草隆及其代谢产物残留量的测定方法[1]

8.3.1.1 方法提要

试样经过水解成为3，4-DCA，水解产物用正己烷萃取，萃取液浓缩定容后，用配有氮磷检测器的气相色谱仪（GC—NPD）测定，外标法定量。

8.3.1.2 样品前处理

8.3.1.2.1 水解反应

（1）制备30mLHCl溶液：10mL浓盐酸+20mL蒸馏水放置于300mL接收瓶（三角瓶）中。称取20.0g样品置于1L反应瓶中（磨口圆底烧瓶）。

（2）加入少量玻璃珠防暴沸，加入250mL冷却的NaOH溶液（40%），混合均匀；加入20mL二甲基硅油（止泡剂），混合均匀。加入2g Zn和5mL TiCl₃，迅速将回流和蒸馏装置接好，蒸馏阀关闭，接上（1）中的接收瓶。冷凝管通自来水（若有油状或难溶物可加75mL正己烷）。

（3）加热，控制液体从回流冷凝管最下边的球状管中冷凝，回流反应2h，从开始回流起计时。

（4）回流2h后，打开蒸馏阀，稍提高加热温度进行蒸馏，收集120mL液体。

（5）将收集瓶放置于冷藏冰箱中。

8.3.1.2.2　萃取反应

（1）将冷却的蒸馏馏分转入分液漏斗中，测其pH。用25mL正己烷洗涤接收瓶，洗后转入上述分液漏斗中，振摇2min，收集下层水相，弃去上层。

（2）向下层水相中加2滴酚酞指示剂，搅拌下滴加40%NaOH溶液，至溶液变为粉红色，并在1min内不变回无色，再加2滴NaOH溶液，冷却15min。

（3）用50mL正己烷萃取，每次萃取振摇2min，静置10min，收集上层有机相，经无水硫酸钠脱水，过滤，并用正己烷洗涤无水硫酸钠，合并。30℃水浴下减压浓缩至近干，氮气吹干。定容，GC检测。

8.3.1.3　仪器条件

（1）仪器：PE AutoSystem XL气相色谱仪，配火焰光度检测器（GC—NPD）。

（2）色谱柱：DB-1色谱柱（30m×0.25mm×0.25μm）。

（3）色谱柱温度：80℃（1min）$\xrightarrow{20℃/min}$250℃（3min）。

（4）进样口温度：250℃。

（5）检测器温度：250℃。

（6）载气、尾吹气：氮气，纯度≥99.999%，流速：2.0mL/min。

（7）燃气：氢气，流速2.0mL/min。

（8）助燃气：空气，流量100mL/min。

（9）补充气：30mL/min。

（10）进样量：2μL。

8.3.1.4　方法技术指标

采用外标法（峰面积）测定含量。在上述色谱条件下，将配制好的一系列标准样品各进样2μL，以峰面积对质量浓度作图，绘制标准曲线。测定3，4-DCA进样量与峰面积的相关性。工作曲线为$Y=579.33X-361.1$，相关系数为0.9996。

在棉籽中分别添加敌草隆及其代谢物DCPU、DPCMU，添加浓度为0.05mg/kg。以仪器3倍信噪比（S/N）设定为仪器检出限，则方法最低检出浓度（mg/kg）=仪器检出限（ng）×稀释体积（mL）/［进样体积（μL）×取样量（g）］。最后计算得方法检出限为0.05mg/kg。

在空白棉籽中添加敌草隆及其代谢物DCPU、DCPMU标准溶液，按上述方法进行提取、净化和测定，回收率见表8-4，结果表明，回收率符合农残检测要求，证明了该方法有较好的回收率和重现性。

表8-4　敌草隆及其代谢产物添加回收率

农药	添加浓度（mg/kg）	回收率（%）					平均回收率（%）	相对标准偏差（%）
敌草隆	0.05	87.99	83.15	79.56	90.84	86.41	85.59	5.10
	1.00	91.18	83.88	87.21	83.01	85.86	86.23	3.74
DCPU	0.04	108.3	92.04	86.17	87.22	96.95	94.14	9.56
	0.40	82.37	79.85	84.55	86.25	91.45	84.90	5.16
DCPMU	0.03	71.68	79.56	89.65	79.61	82.32	80.56	8.01
	0.50	79.81	86.54	88.56	82.58	89.21	85.34	4.72

8.3.1.5　相关色谱图

标准样品、添加样品和空白样品色谱图见图8-2。

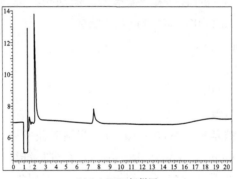

(a) 3,4-DCA标样图

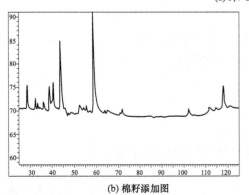

(b) 棉籽添加图　　　　　　　　　(c) 棉籽空白图

图8-2　相关色谱图

8.3.2 棉花中残留脱叶剂噻苯隆研究[2]

8.3.2.1 方法提要

试样经乙腈提取，提取液浓缩定容后，用配有二极管阵列检测器的高效液相色谱仪测定，外标法定量。

8.3.2.2 样品前处理

称取棉花样品3g倒入锥形瓶中，加入150mL乙腈，置于恒温水浴振荡器上萃取30min，用带布氏漏斗的抽滤瓶抽滤，滤渣再加入100mL乙腈，超声萃取30min，抽滤；用约30mL乙腈分3次洗涤滤渣及锥形瓶，合并滤液并转移至圆底烧瓶中，在旋转蒸发仪中蒸至近干。萃取物用2.0mL乙腈溶解，离心后取上清液即为样品测试液。用保留时间和标准加入法确认样品中噻苯隆峰。

8.3.2.3 仪器条件

（1）仪器：高效液相色谱仪，配二极管阵列检测器。

（2）色谱柱：ODS（C_{18}）色谱柱（150mm×4.6mm×5μm）。

（3）检测波长：286nm。

（4）洗脱程序：流动相A：磷酸盐溶液，流动相B：乙腈。梯度洗脱，B液0~1min保持25%，1~7min为80%，7~11min为25%。

（5）流速：1.0mL/min。

（6）柱温：室温。

（7）进样体积：20μL。

8.3.2.4 方法技术指标

用乙腈将脱叶剂噻苯隆标准品（Sigma）配制成储备液，以流动相乙腈分别稀释至0.01μg/mL、0.05μg/mL、0.5μg/mL、5μg/mL系列标准溶液，分别取上述系列标准溶液在上述仪器条件下进行测试。测得标准曲线方程为$A=2019+9182C$，相关系数为0.9999。

此外，本方法的检出限比较低，前期研究结果表明，检出限为0.05μg/mL，定量限为0.15μg/mL，完全能够满足本实验的检测精度要求。

8.3.2.5 色谱图

噻苯隆标准样品色谱图见图8-3。

8.3.3 80%胺鲜酯·甲哌鎓在棉花和土壤中的残留及消解动态[7]

8.3.3.1 方法提要

试样经去离子水溶液超声提取，提取液用Florisil粉末和石墨化炭黑进行净化和过膜后，用超高效液相色谱—串联质谱（UPLC—MS/MS）法测，外标法定量。

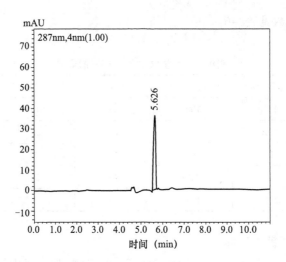

图8-3　噻苯隆标准品的色谱图

8.3.3.2　样品前处理

准确称取匀质化后的棉籽5g，投入50mL具塞离心管中，加20mL去离子水，超声提取30min，恒温振荡12h，以4000r/min离心5min。取上清液1mL加入装有0.050g Florisil粉末和0.050g石墨化炭黑的微型离心管中，涡旋1min后，以4000r/min离心5min，过0.22μm有机滤膜后装入自动进样瓶中，待测。

8.3.3.3　仪器条件

（1）仪器：Acquity-TQD，Waters公司超高效液相色谱—串联质谱仪。

（2）色谱柱：Acquity UPLC BEH Hilic色谱柱（2.1mm×50mm×1.7μm）。

（3）流动相梯度洗脱程序见表8-5。

表8-5　梯度洗脱参数

流动相	0min	0.5min	4.5min	4.6min	5.0min
0.2％甲酸水溶液	5%	95%	95%	5%	5%
乙腈	95%	5%	5%	95%	95%

（4）流速：0.25mL/min。

（5）检测方式：多反应监测。

（6）电喷雾离子源，正离子电离。

（7）进样量：3μL。

（8）离子对：*m/z* 216/100，*m/z* 114/98。

（9）其他参数见表8-6。

表8-6　胺鲜酯与甲哌鎓质谱参数

农药	母离子，m/z	子离子，m/z	锥孔电压（V）	碰撞电压（V）	保留时间（min）
胺鲜酯	216	100	25	15	1.11
	216	143	25	15	1.11
甲哌鎓	114	58	40	20	0.93
	114	98	40	22	0.93
	114	114	40	2	0.93

8.3.3.4　方法技术指标

实验0.5mg/kg、1.0mg/kg、2.0mg/kg 3个添加水平，结果显示，胺鲜酯和甲哌鎓在棉籽中的平均回收率为76.3%～98.4%，相对标准偏差为3.1%～9.8%。以最低添加水平0.5mg/kg的色谱图进行衡量，得出LOQ低于5.0μg/kg。以峰面积Y（μV·s）对进样量X（ng）作图，得到胺鲜酯和甲哌鎓标准曲线方程分别为：$Y=146850X-412.14$，相关系数为0.9976；$Y=212364X-18.487$，相关系数为0.9992，故所使用的方法可靠，均符合农药残留分析实验要求。

8.3.3.5　色谱图

采用乙腈—0.2%甲酸水溶液为流动相，在所设梯度洗脱条件下可得到较好的灵敏度、重现性及峰形，见图8-4。

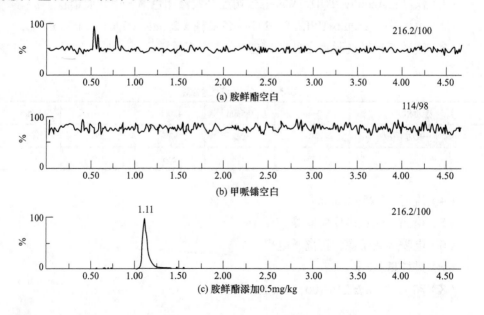

(a) 胺鲜酯空白

(b) 甲哌鎓空白

(c) 胺鲜酯添加0.5mg/kg

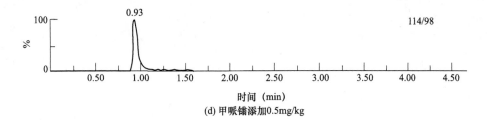

(d) 甲哌鎓添加0.5mg/kg

图8-4　各种空白棉籽样品及其添加的色谱图

参考文献

［1］郭永泽，张玉婷，刘磊，等. 棉籽中敌草隆及其代谢产物残留量的测定方法［J］. 天津农业科学，2010，16（3）：69-71.

［2］孙近，曾蓉，赵瑞方，等. 棉花中残留脱叶剂噻苯隆研究［J］. 标准科学，2010（9）：30-33.

［3］曾蓉，孙近，赵瑞方，等. 棉花中脱叶剂噻苯隆检测方法研究［J］. 标准科学，2010（5）：22-25.

［4］蔡德玲，陈九星，陈力华，等. 50%噻苯隆WP在棉叶、棉籽和土壤中的残留分析及消解动态［J］. 现代农药，2009，8（5）：40-43.

［5］郭永泽，张玉婷，宋淑荣，等. 噻苯隆及其异构体在棉籽和土壤中残留量测定方法［J］. 农药，2005，44（3）：123-124.

［6］Xin-Gang Liu，Feng-Shou Dong，Shuo Li，et al. Determination of mepiquat chloride residues in cotton and soil by liquid chromatography/mass spectrometry［J］. Journal of AOAC International. 2008，91（5）：1110-1115.

［7］李敏敏，刘新刚，董丰收，等. 80%胺鲜酯·甲哌鎓在棉花和土壤中的残留及消解动态［J］. 环境化学，2013，32（2）：289-294.

［8］A. Pryde，A. Schuler，F.P.A.Vonder Mühll. Determination of an experimental plantgrowth regulator on wheat and cotton plants by reversed-phase ion-pair partition high-performance liquid chromatography［J］. Analytica Chimica Acta. 1979，（111）：193-199.